U0321419

30 秒探索工程学

（James Trevelyan）

[英] 詹姆斯·特里维廉 ____ 主编

舒丽苹 ____ 译

机械工业出版社

CHINA MACHINE PRESS

几乎所有我们能够看到、听到、感觉到、触摸到的东西，都跟工程学有关。本书是一本工程学指南，内容涵盖了工程学领域关键的发展和成就。全书分50个条目进行介绍，每个条目都介绍了工程学的一个子领域，并且每个条目都配有一幅反映该主题的精美插图。值得一提的是，本书的所有编者都是来自世界各地的相关工程学子领域的专家学者，书中每个条目的内容都由寥寥数百个文字组成，读者只需30秒左右的阅读时间，便能够对该条目有一个深刻的理解和认知。

　　本书适合对工程学感兴趣的读者阅读，也可帮助工程技术人员全面了解工程学。

First published in the UK in 2019 by Ivy Press, an imprint of The Quarto Group.
Copyright © 2019 Quarto Publishing plc.

北京市版权局著作权合同登记　图字：01-2020-1104。

图书在版编目（CIP）数据

30秒探索工程学 /（英）詹姆斯·特里维廉（James Trevelyan）主编；舒丽苹译. — 北京：机械工业出版社，2021.3
（自然科学通识系列）
书名原文：30-Second Engineering
ISBN 978-7-111-67528-0

Ⅰ.①3… Ⅱ.①詹… ②舒… Ⅲ.①工程技术 – 青少年读物 Ⅳ.①TB-49

中国版本图书馆CIP数据核字（2021）第029317号

机械工业出版社（北京市百万庄大街22号　邮政编码100037）
策划编辑：黄丽梅　　　责任编辑：黄丽梅
责任校对：张　力　　　营销编辑：马　琳
责任印制：孙　炜
北京利丰雅高长城印刷有限公司印刷

2021年4月第1版·第1次印刷
130mm × 184mm · 4.75印张 · 3插页 · 202千字
标准书号：ISBN 978-7-111-67528-0
定价：49.00元

电话服务	网络服务
客服电话：010-88361066	机 工 官 网：www.cmpbook.com
010-88379833	机 工 官 博：weibo.com/cmp1952
010-68326294	金 书 网：www.golden-book.com
封底无防伪标均为盗版	机工教育服务网：www.cmpedu.com

前　言

詹姆斯·特里维廉

几乎所有我们能够看到、听到、感觉到、触摸到的东西，甚至是我们日常的吃喝拉撒，都离不开工程学。简而言之，工程学是人类文明的基础，而工程师则是那些拥有核心技术思想和知识的专业人士。

工程学是一门颇具神秘色彩的学科。在很多人的观念中，工程师似乎总是设计、执行那些纷繁复杂的数学计算。的确，是有那么一些工程师在做这一类的工作。不过可以肯定的是，在这个方面花费太多时间的工程师，绝对是少之又少的。还有一些人认为，每一名工程师都必须要懂得建造桥梁或者是制造汽车。然而，真实情况却是，没有几个工程师真正懂得如何制造汽车，遑论建桥这样浩大的工程了。当然，机车工程师的确是在美国开火车。但是，通过阅读本书，你可以清楚地知道，工程师绝对属于知识型的"专才"。

只有真正了解工程师日常工作的人，才能真正学会如何去欣赏工程学。而最近的一些研究成果，极大地扩展了我们对于这个领域的理解和认知。当今世界，工程学被细分成了将近 300 个子领域，其种类多到令人咋舌的程度，然而尽管如此，全球各地的工程师们所做的工作，依然还是存在很多惊人的相似之处。在本书的第一部分中，笔者介绍了大多数工程师所具备的一些通用的思想、理念和工作方法。

那么，工程师究竟是做什么的呢？简单地说，工程师是一批拥有专业技术知识、具有远见卓识的人，他们创造、传承、运行、维护着我们这个已经在极大程度上被人为改造了的世界，使得人们能够以较小的代价（精力、时间、材料、能源、不确定性、健康风险、环境干扰等）去做更多的事情。

在工程的第一阶段，工程师将他们的工作组织成具体的项目，进而设想出能够满足人类需求的安全解决方案，并且预测这些方案的运行状况以及建造、运行、维持、最终收尾所需要的成本。众所周知，不确定性永远都是存在的，因此，工程师们必须向项目投资方提示潜在的风险和可能的后果。在项目投资方愿意为某个工程项目的执行（第二阶段）进行注资之前，他们必须要从工程师那里得到足够的信心，毕竟在工程项目的初始阶段，距离产生收益还非常遥远。

工程师通常都在一个大型的工作团队中发挥核心的作用，他们计划、组织、教导其他工作人员采购、交付各类组件、工具以及材料，然后对其进行改造、制造、装配以完成预期的解决方案。工程师通常都要按照事先约定好的时间表、预算表来进行工作。此外，他们还需要处理那些有可能会影响到工程进度、绩效、安全或者环境的不可预测事件。而接下来，工程师还需要从宏观上统筹整个项目，通过操作、升级、维护以及维修等工作形式，来保证项目持续推进。在最后阶段，工程师必须有计划地组织完成拆除和处理、环境恢复以及工程材料的再利用、翻新甚至是回收工作。

只有充分满足项目投资者的预期，他们才有可能在这个项目结束之后，继续投资其他更多的工程项目。在共享技术知识的指导下，工程师的大部分工作时间都被用在协调技术人员的协作工作上。一个工程项目的成功，通常反映了数十名（甚至数百名）工程师，以及数千名来自世界各地的其他工作人员，在数十年工作经验的基础上所体现出来的综合表现。至于诸如预测性能、设计、解决问题等专业技术性问题，实际上并不会占用工程师太多的工作时间。

在一个工程项目推进的过程当中，大批工作人员都在进行着不可预测的工作活动。与此同时，材料、环境也会在工程进行过程当中发生某些自然的变化，因此，绝对的确定性是不可能实现的。然而，工程师们已经开发出了系统化方法，以获得惊人的可预测性。一个世纪以前，很少有人能够想象到，现代航空旅行能够达到如此之高的安全性和可靠性，然而现在，这已经成了现实。

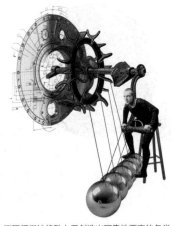

工程师们始终致力于创造出可靠性更高的各类系统、产品，为了实现这一目标，他们必须测试系统、产品在极端条件下的性能表现。在这个过程当中，工程师们往往承受着巨大的不确定性和焦虑。

发明与创新是工程学界的一种基本信仰，这种信仰，深受由既往经验所形成的知识积累、标准方法的影响。另外一个指导原则是道德伦理，工程从业人士应该尽可能避免造成损失、伤害以及痛苦，应该尽可能地避免浪费资源。实际上，出于功利的原因，工程师通常会自觉履行道德义务，因为一切有效的合作，都离不开客户、承包商以及工作人员的信任。实际上，工程师所处的圈子并不大，因此，所有违规的消息，都会在极短的时间内变得人尽皆知，"好事不出门，坏事传千里"，就是这个道理。现在看来，道德规范和社会规范可以追溯到数千年前的《汉谟拉比法典》，这两种规范"迫使"工程师必须尽职尽责地工作，他们也因此取得了人类历史上最为持久的辉煌成就。此外，工程师必须取得政府、监管机构、当地社区认可的从业许可证，这有助于他们得到各方的信任，进而简化合作流程。

更加先进的传感技术有助于提高社会大众对于污染的理解和认知；而来自于社会的巨大压力，将会迫使公司、企业在环境保护方面加大投入。这样一来，工程师就能够制定出更加优秀、合理的解决方案。

工程学是一个子领域异常繁多的学科，从传统意义上来说，这个领域一直是由男性来主导的。不过，女性正在工程学领域发出属于她们的声音，全社会也正在逐渐感受到她们的存在，这种趋势，

在生物医学、环境、食品加工、化学工程等子领域表现得尤为突出。实际上，很多公司也已经充分意识到了这一趋势，这些公司正在积极招聘和留住女性工程师，并且正在为她们打造更具包容性的工作环境。

有人认为，未来的人工智能计算机将能够完成今天的很多工程工作。然而，截至目前，人工智能领域所取得的成果主要是提高了信息技术系统的性能，从而让工程师能够以更快的速度获取有效的信息，并且提高机器人的工作效率。因此，现在就断言机器人、人工智能将在工厂、车间里彻底取代人类，显然还为时尚早。不过装配有人工智能组件的计算机系统，确实能够极大地拓展人类的能力上限。

在未来，人类文明依然会取得无数伟大

工程师们正在研究、开发更节能的高速列车，这类列车使用可再生能源，能够帮助乘客以更快的速度走得更远。

的进步，在此过程中，工程师注定会继续发挥引领作用。大多数工程师的工作满意度都很高，在巨额资本的支持下，他们通常都能够将自己的想法变成现实，这是一种令人艳羡的工作经历。也正是以这样一种方式，工程师给社会大众带来了巨大的利益。

本书的意义

《30秒探索工程学》一书是一本工程学指南，内容涵盖了工程学领域关键的发展和成就。从创建文明和所有必要的基础设施，到充分利用大自然的力量以充分发挥我们人类的优势，再到构建全新的、可持续发展的未来，工程学始终处在人类社会变革的最前沿。参与本书编写工作的作者，都是来自世界各地的工程学专家学者，他们精心挑选主题，并且无私地分享了自己的经验和专业知识，最终以简明、清晰的方式，向广大读者全方位展示了工程学领域的所有基础知识。本书的每一个条目都介绍了工程学的一个子领域，此外，在每一个条目中都配有一幅能够反映本条目主题的精美插图。具体来说，本书共有50个条目，每个条目中，"3秒概览"是核心要点，该部分以一两句话来点明主题；"30秒速读"是条目的主要段落，以数百字来简要阐述与主题相关的内容；至于"3分钟拓展阅读"则是更进一步，这部分内容增加了本主题的趣味性。此外，本书每一个条目都辅以"3秒微传记"这个部分，以简要介绍本领域内备受尊敬的二三名伟大的工程师，希望能够用他们的经历来照亮所有工程师的未来。总地来说，本书首先概述了工程师的工作内容、所做出的贡献以及工程学所有子领域都通用的思想、知识和技术，随后深度揭示了工程学及相关的成就和发展目标，帮助广大读者深入了解土木工程和环境工程的起源及其未来的发展方向；机械工程、工程材料、机电一体化所涉及的运动和能量；能源工程所涉及的如何比较、选择、利用能源；由电气工程展望自动化、装备以及未来运输的全貌。在最后一个章节中，笔者着重介绍了工程师所面临的巨大挑战，因为从古至今，他们始终肩负着"为人类建设一个更加美好未来"的伟大使命。

目 录

工程方法　◑

词汇表

边界元法 根据定义域边界的条件，来计算应力、压力、温度、位移、电场或者磁场。对于解决某些问题来说（例如模拟部件之间的黏着接触），边界元法要比有限元法快得多。

收敛 许多工程计算，都是从一个估算的解开始的，然后逐步改进该解，以提高精度的方式，一步一步地收敛于最终的解。然而，有时候准确度并没有提高，因此必须找到其他方法。

涡流 固体导体与磁场之间的相对运动，会导致导体中产生循环电流，进而产生一种与运动方向相反的磁力。

有限元法 将一个求解域细分为大量的小单元，每个单元都可以用众所周知的方程进行分析。通过这样一种方式，来计算求解域的连续可变特性，比如应力、压力、温度、位移、电场或者磁场强度等。

力 力是一种施加于物体的外部作用，该作用能够改变物体的运动状态，比如使静止的物体运动起来、使移动的物体改变运动速度或者是方向等。举例来说，地球引力就是地球施加给物体的、方向朝向地球中心的力；而飞机之所以能够起飞，是因为它的发动机产生了巨大的推力。

经验法则 当没有条件进行详细测量或者数学分析时，工程师通常用经验法则来进行预测。经验法则的实质是一种近似的数学关系，或者是定性关系。当工程师没有足够的时间，或者缺乏足够的了解、数据支撑，而无法使用更加精确的方法来处理某个具体问题时，他们会采用经验法则。

模型 模型的本质是一组数学方程，通常体现在计算机程序或者电子表格当中，工程师用模型来预测工程系统的行为。除了数学模型之外，工程师也会使用物理模型，通常情况下，物理模型是需要研究的实际系统的等比例缩放。

网络 许多系统，都可以被分解为由有限个独立单元（或者节点）互相连接在一起而组成的网络。比如电子线路、电话网络、管道系统、水泵或者是水箱网络等。

稳定性 工程系统保持相对不变状态的能力。当一个系统接近稳定状态的极限时，较小的扰动便会引发突然的、不可预测且不可控制的条件改变。例如，除非是暴雨降低了树根、岩石、土壤之间的摩擦力，并因此而降低其稳定性，否则即便是在地震时，边坡也可以保持稳定。一旦边坡不再稳定，那么即便是很小的震动，也会导致滑坡的发生。

项目涉众 能够影响或可能受到工程活动影响的个人或者群体，被称为项目涉众。

应变 应变是由应力作用而引起的相对变形。具体来说，拉应力将引起拉伸应变，压应力将引起压缩应变，而剪应力会导致材料内部各层之间相对滑动。

应力 在物体内各部分之间产生的力，被称为应力。通常情况下，外力会导致物体内部应力分布不均，而拉伸或者断裂，往往都发生在应力超过材料自身强度的位置上。应力包括拉应力（拉伸）、压应力（挤压）、剪应力（材料两侧方向相反的力）等多种类型。

系统与系统思维 工程师通常会站在系统的高度上来思考问题，他们充分考虑系统内部复杂的相互作用关系，以及周围环境对系统的影响。工程师构建了一个人工边界，该边界将系统中所有的一切要素都封闭起来，并且将跨越边界的交互归类为系统输入和系统输出。输入是能够给系统内部带来变化的外部变化；而输出则是能够导致外部发生变化的系统内部变化。工程师们通常将系统细分为子系统的层次结构，直到这些子系统都足够简单，可以单独进行分析。

分治法

30 秒速读

3 秒概览

通过将复杂的系统分解成简单的元素，并且考虑跨越元素边界的各种影响，工程师就可以对复杂的系统加以分析。当然，绝大多数的计算工作，都是由计算机来完成的。

3 分钟拓展阅读

通过分治法，可以对一个复杂的输水管网进行分析。在管网内的管接头位置，流向接头的水的总量必须为零，因为如果没有发生泄漏的话，那么水是不可能消失的。至于沿管道方向的压力变化，则取决于管道的高度和水的流量。我们可以用计算机能够求解的联立方程来表示所有这些关系。电路、工厂生产线、城市交通拥堵程度、通信网络，都可以用类似的方法来进行分析。

即便是对于工程师来说，预测系统的行为也是一项非常复杂的工作，其复杂程度甚至根本无法被绝大多数人所理解。具体来说，工程师将复杂的系统分解成简单的元素，这个过程需要仔细地选择边界，并且要考虑到那些能够跨越边界对系统内外产生影响的因素。举例来说，在预测汽车的性能时，工程师会为每个车轮绘制受力分析图，这张图只考虑车轮本身以及作用在车轮上面的力，其他所有信息则都被忽略。在车轮的受力分析中，汽车的重量通过车轴传递给车轮，使车轮受到一个向下的力。此外，车轴的驱动转矩对车轮施加了一个扭力；而在汽车运动的过程中，地面会给车轮施加一个与运动方向相反的摩擦力。实际上，工程师可以分别定义车轮和轮胎，甚至可以将它们继续细分为许多更小的元素，并且对每一个元素都进行分析。可以肯定的是，更加精细的分解，必定能够带来更高的精度，但工程师需要时间来定义元素的边界以及力。工程师当然可以将纯粹的计算工作交给计算机来处理，不过，他们必须亲自处理元素的定义，并且评估计算结果的准确性和可靠性。根据所需的精度、忽略误差的后果，工程师需要制定出恰当的分解级别，他们运用这种方法来模拟复杂的系统。例如地下矿床的结构稳定性、交通高峰时段的拥挤程度以及雷达波束的形成等。

3 秒微传记

查尔斯·奥古斯丁·库仑

1736 年—1806 年

法国物理学家、工程师，他对摩擦力进行了深入的研究和分析，这种力能够解释汽车在刹车时发生打滑的原因。此外，库仑还分析、研究了静电力，这种力在纳米技术中具有举足轻重的地位。

加布里埃尔·伏瓦辛

1880 年—1973 年

法国航空工业的先驱，他发明了第一个有助于防止打滑现象发生的防抱死制动器。

本文作者

詹姆斯·特里维廉

在汽车工业领域，工程师会运用那些已经被证明为可靠的分解方法来设计新车型。

数学的应用

30 秒速读

工程师经常间接地运用数学，因为在大多数情况下，他们都需要依靠软件的内置分析。当然，工程师对于数学原理都有极为深刻的理解和认知，而且他们需要凭借一种近乎本能的能力，来为特定的情况选择出合适的计算方法。在工程项目的早期阶段，快速、粗略的计算可能是最恰当的，因为在此阶段，只要能够得到在精确解±20% 范围内的答案就已经足够了。在这一阶段，工程师和项目业主通常会决定项目是否值得进行进一步的详细调查，以及应该研究哪些替代的工程方法。从第二阶段开始，工程项目的各个关键方面都需要更高的精度。比如汽车发动机设计师可能正在寻找空气－燃料混合物进入发动机气缸的最有效通道布局；其他人则可能会使用分析软件来预测新车在与其他车辆发生碰撞时对乘客的保护程度。这些由计算机完成的分析工作，同样需要一定的时间，因此，工程师需要了解总体的成本和限制。通常情况下，工程软件都是由专业工程师来操作的，因为他们知道如何快速建立适当的数学模型。此外，工程师还需要检查计算结果是否合理，在大多数情况下，他们都会选择使用相对更加简单的近似计算来完成这一个环节的工作，而这些近似的计算不仅可以在 Excel 电子表格中设置、完成，甚至可以通过手工计算的方式来完成。

3 秒微传记

艾萨克·牛顿

1643 年—1727 年

他奠定了支撑现代工程学的数学基础。

约瑟夫·傅里叶

1768 年—1830 年

他提出了一种开创性的方法，以预测热量在固体之间的传导。

凯瑟琳·约翰逊

1918 年—2020 年

他为美国首次载人航天飞行进行轨道预测。

本文作者

詹姆斯·特里维廉

数学能够帮助工程师预测飞机的性能，从而减少对于原型机（样机）飞行测试的需要。

超越科学

30秒速读

3秒概览

工程师的工作非常复杂，他们的一部分工作甚至不得不在科学知识的范畴之外进行。工程师运用等比例缩放模型来进行实验，并且经常需要用经验来指导自己的工作。

3分钟拓展阅读

工程师能运用到的大多数科学知识门类，如力学、热力学、电磁学、材料的原子和分子结构以及材料特性，都属于物理和数学的范畴。工程师常用的数学方法包括微积分、矩阵代数、无穷级数以及概率论。在材料性能、材料降解这些工程方向中，化学扮演着极为重要的角色。此外，工程师还会用到生命科学的知识，以完成食品加工、包装和储存，清除污染，制造人体器官，制药等工作。

工程师利用经验和科学知识来预测那些之前只存在于草图中的系统、产品的行为，有的时候，他们需要从等比例缩放的模型中获得测量数据，将数据与预测进行比较，并且调查异常情况。工程师经常会发现，自己凭借经验所得到的结论，甚至有可能会远远优于他们运用科学方法所得到的结论。比如齿轮已经被人类使用了数千年了，然而与之相关的数学理论，出现的时间却并不长；再比如，根据当前科学知识的发展现状，工程师几乎不可能准确地预测空调中制冷剂气体的沸腾和冷凝，因此，他们只能依靠经验和简单计算来得出估算值。具体来说，为了模拟空调的实际使用情况，工程师在气候箱内测试了一个模型，他们缓慢地添加或者排出气体，直到他们判断认为，在普通的气候条件下，空调的制冷性能已经在功耗和制冷效果之间达到了一个最优的平衡。通过这个例子我们能够意识到，科学与工程之间存在着某些本质性的区别：工程师尽可能地以一种科学精神来利用现有的知识（和软件），当他们必须要预测那些尚不存在的系统行为时，验证性的测量结果只能来自于模型。总而言之，由于时间和资源方面的种种限制，工程师往往不得不依靠经验和实践启发来完成自己的工作。

3 秒微传记

布莱士·帕斯卡
1623 年—1662 年
帕斯卡阐明了"压力"的概念，
并且参与发明了机械计算器。

罗伯特·胡克
1635 年—1703 年
胡克研究探索了弹性理论，此
外他还提出了"细胞"这样一
个生物学术语。

莱昂·傅科
1819 年—1868 年
傅科发明了一种被命名为"傅
科摆"的简单设备，并且以此
演示了地球的自转。此外，傅
科还提出了"涡流"的概念。

本文作者
詹姆斯·特里维廉

科学是工程学的基础，然
而工程师们往往会被迫
在没有足够科学依据的
情况下完成自己的工作。

设计的目的：解决问题

30 秒速读

3 秒概览

工程设计的工作内容包括确定用户的需求以及开发出有效的创造性解决方案，从本质上来说，这是一个解决问题的过程。设计人员通过分析、测试和迭代，将单个组件组合到整个系统当中。

3 分钟拓展阅读

设计思维一词是一个术语，它用来描述在设计过程中所使用的那些富有创造性的、用于满足客户需求的方法，以及在当前任何技术和业务状态下都可以实现的方法。设计思维的特征包括：努力与客户产生共鸣，利用多个视角来明确用户的需求，解决工作过程中的挑战或者矛盾因素，设想创新的方法。

工程设计是需要解决多方面问题的工作。通过工程设计，工程师可以创建出满足用户（或者是客户）需求的产品或者系统。工程设计的第一步是确定系统所必须满足的需求和条件，这需要考虑到所有项目涉众的需求。除了最终用户之外，项目涉众还包括制造商、分销商、服务和维修技术人员、销售人员、采购代理以及政府监管机构。通过提供具有特定功能且能够解决子问题的组件，工程师就能够将所需要的功能具体化为物理形式，进而创建出一套技术系统。执行工程设计的这一过程，要求工程师掌握与可用组件、组件功能相关的知识，以及能够设想某些特定形式所能提供功能的能力。定量分析通常被应用于确定特定的组件参数，以便能够让系统内部组件的输入和输出相匹配。在设计一个技术系统的过程中，可能有多种解决方案都是可行的，因为很多组件或者方法，都可以从不同的角度来实现某些特定的功能。工程师在进行设计工作的过程中，需要将自己的方案与产品（或者系统）的性能、特征以及功能等多个方面的要求进行比较，这可能会涉及实验性（或者原型）设计的测试。

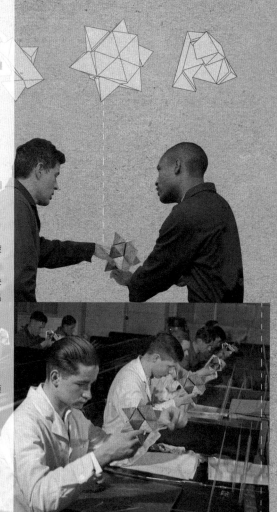

3 秒微传记

赫伯特·A. 西蒙

1916 年—2001 年

诺贝尔经济学奖获得者，西蒙在 1969 年出版了《人工科学》一书，在分析设计、问题解决过程这一细分领域，该部作品是最早的著作之一。

大卫·M. 凯利

1951 年出生

美国国家工程院院士。1991 年，凯利与他人一同创立了世界领先的设计公司 IDEO。

本文作者

约翰·克鲁普茨萨克

要想获得满意的结果，工程设计人员必须频繁地修改自己的设计方案，有时甚至需要迭代。

标准与规范

30 秒速读

科学知识和经验能够指导工程师完成自己的工作。当然，个人所能直接获取的经验，通常只占一名工程师所拥有经验的一小部分；至于标准，则是凝聚了几代工程师的不懈努力，方才能够逐渐积累起来的经验。在工程学领域，标准是非常重要的，因为它们能够为工程师提供快速、方便的设计和计算方法，进而能够推导、演算出安全可靠的结果。通常情况下，标准主要由国家、专业和行业组织来发布。1902 年，一众铁路工程师成立了美国材料与试验协会（ASTM），并且制定出了钢材试验的标准。目前，美国材料与试验协会在全球范围内提供标准以及与标准相关的培训服务。国际标准化组织（ISO）是另外一个国际性机构，它的职责是协调全球各个国家、地区的标准。随着科学技术的飞速发展，以及工程师们从失败中汲取到越来越多的经验和教训，标准也在不断发展。除了标准之外，工程师还会编写规范，并且绘制图样，以便对产品进行定义，由不同公司所提供的各类组件，也因此能够装配在一起，并且按照预期执行任务。规范分为两种：测试和方法。其中，测试界定了检验和检测，以便判定产品是否合格。众所周知，仅凭测试，我们很难判断某个产品在 30 年之后是否依然能够正常工作，因此，规范也可以被用来定义制造方法。为了节约时间，工程师在编写规范时，会参考许多技术细节层面上的标准。

3 秒微传记
加斯帕尔·蒙日
1746 年—1818 年
他是画法几何的奠基人，该学科是技术制图的基础。

皮埃尔·埃迪内·贝塞尔
1910 年—1999 年
他创建了关于曲线、曲面的技术和软件。

道格拉斯·泰勒·罗斯
1929 年—2007 年
他开发出了能够帮助工程师进行设计计算的软件。

本文作者
詹姆斯·特里维廉

早期工程师所积累的宝贵经验，可以给后代工程师带来启发，而标准则有助于这一过程的推进。

实现目标

30 秒速读

3 秒概览

工程师总是需要花费大量的时间来组织所有工程技术人员的协作，以此让每个人都贡献出自己的专业技能和知识，构建、交付工程项目的最终产品。

3 分钟拓展阅读

很多人都认为，工程师的工作仅仅是建造桥梁、制造汽车而已。然而客观地说，只有极少数的工程师，才会将"制造"或者"建造"作为自身专业工作的一部分。实际上，工程师的真正职责是组织、协调工程技术人员通力协作完成任务，至于具体的施工、交付工作，则完全可以安排给其他人来完成，比如普通技术员，因为他们的双手更灵活，更擅长使用专业的机械化工具。掌握高级技能的技术人员，通常使用计算机来绘制图样，他们需要与工程师建立起紧密的合作关系。当然，对于那些痴迷于亲身实践的人来说，他们也会在业余时间从事类似的工作，因为这是他们的兴趣爱好之所在。

对于一名工程师来说，他需要将自己大约 30% 的工作时间用在与他人协商相互合作的主观意愿和积极性上，当然，这一类协商，必须要在事先约定好的时间框架内进行。众所周知，工程师极度依赖其他人所分享的知识、经验以及技能；而一项工程所需的专业知识，应该分配给那些为完成这项工程而进行通力合作的人们。社会关系网络可以建立这种合作所需的信任，而社会互动才是技术实践的核心。正所谓"三人行必有我师"，工程师总是能够从其他人——同事、供应商、承包商、熟练工匠、技术人员、金融家、律师、终端用户以及同行——那里学到很多东西，这一类知识是隐性或者说是只可意会的，它们很少被科学、严谨地记录下来，其传承更加依赖于人类的记忆以及复杂的社会互动。当然，这种知识的传承方式，会受到很多因素的影响，除了物质、自然环境甚至是天气的变化之外，还有很多不可预测的因素会对这一传承过程施加影响。大多数工程问题都是交流的问题，因此，工程师必须确保每个人都对项目的基本情况有足够的理解，以便所有人都能够顺利地推进各自的工作。客观地说，这种社会复杂性已经颇具挑战性了，再加上真正拥有渊博专业知识的工程供应商非常少见，这两个因素结合起来，也就解释了为什么在工程类企业中，获得可比结果的成本相对更高。

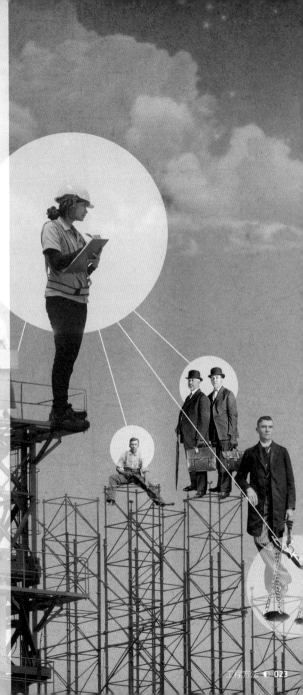

3 秒微传记

弗雷德里克·温斯洛·泰勒

1856 年—1915 年

美国机械工程师，他因提出了早期的科学管理理论而闻名于世。此外，泰勒在炼钢领域也做出了很多突出的贡献。

莉莉安·伊芙琳·吉尔布雷斯

1878 年—1972 年

美国心理学家、工程师，她是美国机械工程师学会的第一位女性成员。吉尔布雷斯将心理学应用于时间和运动的研究，她的研究成果令很多工业企业的生产力得到了巨大的提升。

本文作者

詹姆斯·特里维廉

工程依赖于一个无形的人际关系网，只有这张"网"，才能让工程计划转变为现实。

工程思维

30 秒速读

3 秒概览

工程思维需要"抽象的可视化",这种"抽象的可视化"需要和实际的实现一样多的讨论甚至是辩论,测试数据是对其最终的检验。

3 分钟拓展阅读

一名优秀的工程师,总是会"闻过则喜"——当得知自身的某些局限性时,他们会感到非常欣慰,并且能够主动取长补短,与其他人建立更加紧密的协作关系。可以肯定的是,任何人都会因为自己的想法被采用而获得满足感,工程师也不例外,因为他们能够以这样的一种方式来为人类创造切实的利益。如果在解决问题的同时,还能因此得到同行赞誉,工程师当然会更加开心。总地来说,工程师非常珍视自己为全人类做贡献的工作机会。

工程师这个特殊的群体,能够运用自身的判断力以及历史经验,来寻找满足人类各种需求的解决方案,此外他们还能够检验现有的解决方案,并且做出合理、可行的改进。工程师始终在思考系统与人、与周围环境的相互作用。系统内部的各个部分之间同样也存在着相互作用,每个部分实际上都可以被视为是一个独立的系统。"可视化"有助于工程师从"抽象"过渡到"现实",也有助于他们在头脑中"预演"材料和空间的运用,以提出实用性更强的解决方案。工程师运用抽象思维去思考诸如应力、电场、磁场、热导率等无形的影响,并由此来预测某个设想到底能否以及应该怎样变成现实。随后工程师会绘制草图和三维原型;此外,他们还需要在生命周期成本、工程所需时间、项目涉众诉求等诸多约束条件下,迭代、优化工程解决方案。在项目推进的过程中,工程师必须与同行、供应商、客户以及技术人员进行必要的讨论,这些讨论有助于他们形成自己的想法。要想制定出一套成功的解决方案,工程师必须从以往的失败中汲取经验和教训,此外还需要对反馈做出及时的响应,只有将这两者完美地结合在一起,他们才能更好地推进自己的工作。为了确认合理的预期,工程师必须测试系统的性能,为此他们甚至要刻意通过超出"设计范围"的测试来引发故障。对于系统及其内部的实际工作方式，工程师必须有直观的想法，而各种测试有助于他们做到这一点。当然，意料之外的情况也难免会发生，而这些意外的结果，常常迫使工程师重新思考，这能强化他们的思维模式。

相关条目
参见
超越科学，第 16 页

设计的目的：解决问题，
第 18 页

工程师与建筑师，第 40 页

3 秒微传记
阿基米德
公元前 287 年—公元前
212 年
阿基米德测量、计算出了不规则物体的体积，并且以这种方法鉴定出了王冠是纯金材质还是合金材质。

莱昂纳多·达·芬奇
1452 年—1519 年
达·芬奇绘制出了计算器的草图，此外他还提出，人类应该合理地利用太阳能。相传，达·芬奇甚至对直升机、装甲车均涉猎颇深。

马修·博尔顿
1728 年—1809 年
博尔顿认识到了精密制造对于制造高效蒸汽机非常重要。

本文作者
科林·布朗

测试和观察到的实际
性能常常迫使工程师
重新思考。

1843 年 1 月 11 日
出生于爱尔兰梅斯郡的格拉夫蒙特。

1861 年
完成了自己在巴格内尔与史密斯工程公司的学徒工作，并且成了一名助理工程师。

1865 年
抵达新西兰，开始勘察亚瑟山口公路路线。

1868 年
被任命为格雷茅斯地区工程师；完成了港口围墙、铁路以及其他工程项目。

1872 年
成为克赖斯特彻奇（也即基督城）坎特伯雷大区的工程师。

1875 年
被任命为西海岸大区霍基蒂卡地区的工程师。

1880 年
成为达尼丁的检验工程师以及伦敦土木工程师学会的会员。

1883 年
被任命为惠灵顿公共工程部副部长。

1891 年
被任命为西澳大利亚铁路公司总经理兼总工程师。

1896 年
完成金矿区供水管道的设计和估算任务。

1898 年
获得了兴建管道系统的资金。

1900 年
弗里曼特尔港竣工。

1902 年 3 月 10 日
奥康纳自杀身亡，管道系统按照（修订）时间表完工。

查尔斯·耶尔威顿·奥康纳

1843年，奥康纳出生于爱尔兰，自儿时起他便立志成为一名土木工程师，随后在史密斯与巴格内尔工程公司学习铁路建设领域的知识。大饥荒彻底摧毁了爱尔兰，因此奥康纳不得不移居新西兰，并且在那里开启了自己全新的人生。在新西兰，奥康纳勘察了穿越南岛山区的道路，在那段日子里，他承受住了持续暴雨、洪水的考验，并且很快就开始为采矿项目建设基础设施。凭借自己坚韧、稳健的工作作风，奥康纳赢得了工程承包商的尊重，随后他开始在格雷茅斯、韦斯特波特和霍基蒂卡建造港口。值得一提的是，格雷茅斯、韦斯特波特以及霍基蒂卡所在地区的地质条件非常复杂，对于港口建造工作来说，那里的流沙、瓦砾无疑是一个巨大的挑战。当时，新西兰西海岸是非常偏远的地区，而对于奥康纳来说，那些工程项目成了他最佳的"磨刀石"：要知道，工程所需的机械、材料，都需要通过海运的方式从遥远的英国运送而来，前后需要数月时间，那些经历令他的综合素质得到了极大的提升。

后来，奥康纳应西澳大利亚州州长约翰·弗雷斯特之邀，为该州修建港口和供水系统，以便他们在沙漠地区开采金矿。现在看来，奥康纳之前在新西兰的经历无疑是非常重要的，因为弗里曼特尔港建设在天鹅河口附近流动的沙洲上，这与之前他在新西兰建设港口时的地质条件非常类似，因此他可以游刃有余地应对新工作。不过在西澳大利亚州，奥康纳的工作理念令当地的承包商感到无比的愤怒，因为他坚持要求承包商垫资施工，而这是后者根本无法接受的条件。承包商们组织起来展开了报复行动，他们通过各自的权贵关系，利用报纸等媒体频繁骚扰奥康纳。

在奥康纳的职业生涯中，最为伟大的工程当属一条供水管道，该管道将水源从珀斯附近的一座水坝，输送到距离海岸线580千米的卡尔古利，那里是一个干旱的盐碱沙漠。当时奥康纳提议，在世界上最为偏远、工业产能几近于无的地区里，修建一条直径80厘米（30英寸）的管道。在提出这个工程建议的同时，奥康纳就已经预见到了伦敦金融界人士的忧虑，因为毕竟他们都是风险厌恶型投资者。为了说服对方，奥康纳将工程设计成了14个部分，他所提出的建造方案，比当时世界上任何一个在建工程都要更长、规模更大。不过奥康纳明确表示，虽然该建造工程规模宏大，然而"绝大多数工程师都能够轻松地理解这份方案，而且很多时候，该项工程只是简单方案的机械重复"。

融资是需要时间的，而主坝下方一处天然岩石断层的意外出现，也使得工程延期了12个月。1901年，州长弗雷斯特在墨尔本当选为国会议员，他的离去，直接导致奥康纳在西澳大利亚州失去了强有力的政治支持，一时之间，政客、媒体对他进行了口诛笔伐的攻击，甚至出现了针对他的腐败指控。除了外部的压力之外，奥康纳还要应对同时管理几个大型工程项目所带来的巨大工作压力，这一切最终导致他心理崩溃，于1902年自杀身亡。在奥康纳撒手人寰的8个月之后，他的管道工程计划正式完成，而工程费用只比之前的预算多出了一成。奥康纳所修建的管道系统、港口以及铁路，彻底改变了西澳大利亚州的面貌，并且给该地区带来了巨大的繁荣。时至今日，那些管道系统、港口、铁路依然在正常地运行，西澳大利亚州的民众也依然在享受奥康纳带给他们的好处。

詹姆斯·特里维廉

土木工程与
环境工程

词汇表

坐标轴 坐标轴用于在空间中定义方向。通常情况下，我们用 X 轴和 Y 轴来定义彼此成直角（垂直）关系的水平面参考方向，用 Z 轴来定义与水平面垂直的方向。

守恒定律 守恒定律包括质量守恒定律和能量守恒定律，它们是指导工程师进行各项工作的物理学基本定律。具体来说，质量不能被创造或者是毁灭，与此同理，能量同样也不能被创造或者是毁灭。当然，在核物理学这个细分领域内，物质、能量会发生某些守恒定律框架之外的情况。不过，对于几乎所有的工程学领域来说，守恒定律已经足够精确了。

坐标系 坐标系指的是由三个相互成垂直关系且共同通过一点的坐标轴所共同组成的一个空间体系。在坐标系中，三个坐标轴相交的点被称为原点。工程师可以用坐标来定位三维空间中的点，这些坐标定义了该点在三个坐标轴方向上相对于原点的位置。针对结构或者系统的不同部分，工程师可以建立、使用很多各不相同的坐标系。

平衡 系统或者系统内部组件上的力（或者是其他影响方式）处于平稳的状态，因此，该系统或组件没有改变运动状态的趋势。

模板 用于创建混凝土结构的临时模具。

地基（结构） 地基是工程师在建筑结构中专门设计的部分，该结构能够将由建筑产生的荷载转移到其下方的土壤或者岩石上。

地质力学 地质力学指的是岩石力学与土力学的合称。值得一提的是，地质力学是岩土工程领域的核心学科。

土工织物 土工织物是一种织物材料，它的作用是加固松散的土壤、砾石，以防止侵蚀发生。

荷载（土木、机械工程领域） 荷载可以指力或应力。静荷载是指像重力一样不会随时间变化的恒定力；活荷载是指会受人、车辆、气流、地震等影响的可变力。

传力路径 传力路径指的是结构中的应力模式。传力路径可能会因为一些情况（比如沉降）发生改变。

O 形圈（机械工程） O 形圈指的是橡胶密封圈，它通常被放置于专门加工的凹槽中。

桩（土木工程）　在土木工程中，桩通常被放置、推动或者是打入土壤当中，它的作用是为地基提供额外的强度，或者将荷载直接转移到软土下方的坚硬的岩石上。工程师通常用钢材、钢筋混凝土来构建桩，当然，偶尔他们也会用木棍、木管来做桩。

污染物　污染物指的是水、土壤、空气或者是植被中的有害物质。

大型机械（土木、机械工程）　大型机械指的是用于制造或者是进行其他工程活动的机械设备。移动式大型机械指的是挖掘机等特种机械。

钢筋混凝土　钢筋混凝土指的是一种用于建筑工程的坚固复合材料。混凝土内含有一定比例的小石子，通过在混凝土中加入钢筋网、钢板或者是纤维，使得它们能够协同发挥作用，混凝土的力学性能因此得到很大的改善。在大多数情况下，钢筋都被工程技术人员有选择性地置入混凝土必须承受拉伸载荷的区域。

工程服务　工程服务是指对工程提供服务和技术协助，包括连接管道或电缆，以及为工程过程或民用用途提供流体或能源；此外，工程服务也指维护活动。

场地修复　控制、清除工程项目现场或者其他人类活动场所内存在的污染物，进而控制由污染物所带来的有害影响。

砂浆　砂浆指的是水泥、石灰膏、黏土或者沙子与液体（通常是水）所组成的混合物，这种混合物可以在管道系统中以泵送的方式来进行运输。

沉降（岩土工程）　由于重力作用的影响，结构下方的土壤会发生变化，该过程将导致地基逐渐下沉，这一现象被称为沉降。

调查　调查是指收集系统测量数据的过程，以便为项目涉众提供用于计划施工或者其他工程工作的数据。

尾矿　采矿作业产生的废料被称为尾矿。

涡轮　涡轮指的是带有叶片的轮状结构件，它的设计用途是将流动流体中的动能转化为旋转轴中的机械能。通常情况下，涡轮被应用于发电设备，发电设备能够将机械能转化为电能。

土木工程

30 秒速读

土木工程主要包括公路工程、铁路工程、建筑工程、给排水工程以及污水处理工程等。想当年，尤金·贝尔格朗、约瑟夫·巴瑟杰这样的土木工程师，在巴黎、伦敦构筑了下水道系统，他们所做出的成就消灭了霍乱，并且挽救了数百万人的生命，可谓是利在千秋。众所周知，19 世纪的工业革命，从根本上降低了钢铁的冶炼加工成本，在那之后，托马斯·特尔福德将钢铁材料应用于桥梁、运河以及港口的建造当中。除了特尔福德之外，伊桑巴德·金德姆·布鲁内尔也用钢铁材料建造铁路、桥梁以及轮船，这两名土木工程师彻底改变了人类的交通方式。从防洪堤、水坝，到建造人类历史上规模最大的基础设施、最高的建筑物，如今的土木工程师们，依然在努力解决一个又一个的实际问题，继续改变人们的生活。实际上，任何一个工程项目，都会出现这样或者那样的问题。比如说，地面可能会存在障碍物，地质条件不尽如人意，新建筑不得不穿过隧道或者其他结构，以及来自于工程资金、工程时间方面的各种限制……这一切的一切，都需要工程师以创造性的思维来解决，他们必须尝试不同的解决方案，并且从中选出最合理、最可行的一个。为解决工程中出现的各种难题，工程师寻求创造性的、性价比更高的解决方案，这个过程是非常有益的，因为通过这样的一个过程，土木工程师能够学习到更加前沿的科学技术，在提高自身素质的同时，也能够为子孙后代创造一个更加完美的世界。

3 秒微传记

马尔科·伊桑巴德·布鲁内尔爵士

1769 年—1849 年

布鲁内尔爵士是一名出生于法国的土木工程师，他的儿子便是大名鼎鼎的伊桑巴德·金德姆·布鲁内尔。布鲁内尔爵士缔造了"泰晤士河隧道"，那是人类第一次在可通航河流下方成功修建隧道。

艾米丽·沃伦·罗布林

1843 年—1903 年

艾米丽·沃伦·罗布林是设计师约翰·罗布林的儿媳，在后者去世之后，华盛顿·罗布林继承了他的事业，但后来他生病了，所以艾米丽·沃伦·罗布林接手丈夫的工作，在长达 11 年的时间里一直主持着布鲁克林大桥的施工工作。

本文作者

罗玛·阿格拉瓦尔

土木工程师创造了那些被我们认为是理所当然的东西，没有他们，我们的生活将难以持续。

1929 年 4 月 29 日
出生于英属印度（现孟加拉国）的达卡附近。

1955 年
获得博士学位，受聘于芝加哥的 SOM 建筑设计事务所（Skidmore, Owings and Merrill Architects）。

1966 年
成为 SOM 建筑设计事务所的合伙人。

1950 年
毕业于达卡大学土木工程系，后受聘为公路系的助理工程师。

1957 年
担任巴基斯坦建筑研究中心主任，该中心坐落于该国第一大城市卡拉奇。此外，勒汗还担任了卡拉奇发展局的技术顾问。

1967 年
取得美国国籍。

1952 年
获得富布赖特科学奖学金，以及巴基斯坦政府奖学金。

1960 年
重新加盟 SOM 建筑设计事务所，并且开始任教于美国的伊利诺伊理工大学。

1969 年
勒汗担任设计师的约翰·汉考克中心在芝加哥竣工，那是一座筒式框架设计的建筑物。

1963 年
43 层建筑物——德维特·切斯纳特公寓大楼竣工，而勒汗是该工程的建筑师。

1971 年
成为第一批运用计算机来进行结构计算、绘制设计图样的工程师。

1981 年
勒汗主持设计的阿卜杜勒·阿齐兹国王国际机场的哈吉航站楼，获得了阿迦汗建筑奖。

1982 年 3 月 27 日
逝世于沙特阿拉伯的吉达市。

法兹·勒汗

城市与工程之间的关系非常复杂，因为城市既是工程的摇篮，又是工程的产物，二者之间的这种关系，至少已经维系了8000年的漫长岁月。摩天大楼之所以能够成为现代城市的中心，是因为这种类型建筑物的出现，让人们能够近距离地工作、生活在一起，从而能够更加轻松地建立起工程、贸易、商业所极度依赖的信任关系。在建筑界，法兹·勒汗被誉为"筒体设计之父"，他在20世纪60年代彻底改变了摩天大楼的设计理念。

1929年，勒汗出生于英属印度（现孟加拉国）的达卡附近，他毕业于达卡大学土木工程专业，并且因为获得了富布赖特奖学金而取得了赴美国留学的机会。1955年，勒汗获得了钢筋混凝土设计专业的博士学位，在那之后，他加盟了芝加哥的SOM建筑设计事务所（Skidmore, Owings and Merrill Architects）。勒汗之所以加盟SOM，是因为该公司乐于将一些设计、施工项目交给他来完成。SOM以设计摩天大楼而闻名于世，而勒汗很快就意识到了一点：在高层建筑结构的设计过程中，来自于风力、地震的水平活荷载，已经成了这一细分领域的最大挑战。随后，勒汗与伊利诺伊理工大学的学生们通力合作，以公开、专业讲座的形式，来探索全新的摩天大楼设计理念。

按照当时成型的设计理念，高层建筑物内部钢柱之间的砌块剪力墙，是用来承受水平荷载的"主力"；此外，那个时代的建筑物必须是矩形的，这一"传统"几乎没有留给设计师以任何灵活改变建筑内部布局的余地。而勒汗在摩天大楼设计领域所取得的巨大突破，是将建筑物的外墙设计成为筒形框架结构（框筒结构），这种结构能够抵抗水平荷载，同时还能够减少40%甚至更多的建筑钢材使用量。具体来说，勒汗的设计几乎消除了所有的内柱和砖墙，这样的设计，使得建筑物内部空间更加开阔。更加重要的是，勒汗的设计让建筑物能够建设得更高，工程造价也更加低廉，并且允许建筑师近乎随心所欲地设计建筑物的外形。

1963年，由勒汗主持设计、建造工作的德维特·切斯纳特公寓大楼在芝加哥正式竣工，该建筑达到了43层，它是第一座采用框筒结构设计建造的摩天大楼。10年之后的1973年，高达110层的西尔斯大厦在芝加哥拔地而起，该座建筑是由一组平行的框筒结构组成的，正如勒汗所描述的那样，"就像是几支铅笔和一块橡皮捆绑在了一起"。随着轻质混凝土以及高强度钢材的出现，近年来人类一再刷新建筑物的高度，目前世界上最高的建筑，是阿联酋迪拜的哈利法塔，其高度达到了828米。然而即便如此，建筑工程专家们还是倾向于认为，我们依然没有达到框筒结构所能达到的建筑物高度极限。除了框筒结构之外，勒汗还率先采用了诸如斜拉屋顶之类的创新建筑形式，在沙特阿拉伯吉达市的阿卜杜勒-阿齐兹国王国际机场内，哈吉航站楼就是一座采用斜拉屋顶的建筑。

勒汗不仅是一名技术优秀的建筑师，同时他还极具人文情怀，并且对于艺术、文学拥有极为深沉的热爱。令人遗憾的是，在一次前往沙特阿拉伯的途中，勒汗因心脏病突发而溘然长逝，享年52岁。随后，勒汗的遗体被运送回了美国，人们将他安葬在了芝加哥。

詹姆斯·特里维廉

力平衡原理

30秒速读

平衡原理的存在，使工程师能够对结构进行受力分析。实际上，只有当作用在某一结构上的合力不为零时，该结构才会改变其运动状态。受力分析图有助于我们对结构进行力学分析。对于大多数结构来说，它们受到的主要是静荷载，包括最基本的重力以及其反作用力。此外，活荷载的影响也不容忽视，比如风、地震、移动的车辆、储藏罐内液体的晃动、意外的撞击，或者是机械的运动，甚至是人的走动，都会对结构产生活荷载。对于海岸结构来说，波浪所产生的冲击力是非常致命的。理论上，由于力的作用方向各不相同，因此工程师需要将各个方向上的力分解成分别与X轴、Y轴和Z轴平行的分力，而这三个成相互垂直且共同通过原点的坐标轴，定义出了三维空间的参考方向。在受力分析图中，各个分力既可以是正的，也可以是负的，其正负取决于它们的方向。工程师将X轴、Y轴、Z轴方向上的所有分力加在一起，就可以应用力平衡原理了。要想让结构保持静止状态，来自建筑物地基的反作用力，必须精确地平衡掉所有施加在该结构上的荷载总和。正是采用这样的方法，工程师可以计算出建筑物地基的设计要求。如果建筑物处于地震或者风暴中，那么一个或者多个活荷载就必须由地基中的拉力来抵抗；而如果外力足够大的话，那么地基甚至有可能会被"拉"出地面。

3 秒微传记
罗伯特·胡克
1635 年—1703 年
胡克描述了弹性理论，该理论引申出了很多相关的理论。

艾尔米娜·威尔逊
1870 年—1918 年
美国第一位女性土木工程师、教授，她曾经多次参与摩天大楼的设计工作。

铁摩辛柯
1878 年—1972 年
被誉为"现代工程力学之父"，他对机械和结构中的力进行了分析。

本文作者
詹姆斯·特里维廉

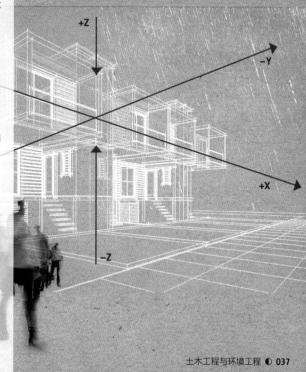

工程师需要分析作用在结构上的不同方向的力。

岩土工程

30秒速读

3秒概览

所有的人造结构，都需要足够强大的地基来支撑，因为只有如此，建筑物才能长久地保持直立状态。岩土工程师的职责是调查、分析、研究建筑物下方的土壤和岩石，以便能够设计出足以维持数百年的地基。

3分钟拓展阅读

在采掘行业中，岩土工程师起着极为关键的作用，因为他们能够在基坑边坡稳定性、竖井和隧道的开挖以及废物储存等多个相关领域提出自己的意见和建议。岩土工程师需要参与设计尾矿坝，以容纳从加工厂抽出的废物淤浆（由流水和破碎矿物质所共同组成）。在尾矿坝中，水被回收并输送回工厂。工程师与水文地质学家、环境工程师一道，共同寻找最为经济的解决方案，确保废物在数百年的漫长岁月当中能够得到有效的控制，将对环境的负面影响降到最低。

让我们从地表之上来到地表之下，这里的土壤和岩石就是岩土工程的范畴了。岩土工程是土木工程师的专业领域之一，众所周知，人类所建造的所有建筑物，都需要打下坚实的地基，而岩土工程师的职责，就是要让地基足够坚固，同时还要保证地基下方的土壤环境不会遭到破坏。通过测量孔隙比、密度、含水量以及摩擦角（指的是当土壤处于滑动的临界状态时，全反力与法线之间夹角的最大值）等相关数据，岩土工程师就能够全面地表征、分析土壤的性质。此外，以钻孔所得物为样品进行的实验室测试，为工程师的设计提供了必要的数据。随着含水量的增加，土壤的承载力将会降低，特别是在低孔隙率的黏土中，含水量对于土壤承载力的负面影响尤为明显。因此，如果想在这种土壤环境下建造建筑物，就需要更大规模的地基才能保证其安全、稳定。如果含水量太低，将会导致土壤发生收缩、干裂，这同样会产生一系列的问题。工程师通过现场调查所获得的数据，对工程的成本估算将产生极为深远的影响。与岩石相关的关键因素包括地质断层的位置和方向以及地壳的历史裂纹等。在有钻孔的场地进行测量时，垂直断层很容易被遗漏，这样的疏忽最终有可能会导致坝体下方渗水情形的发生。在评估矿山和隧道施工的稳定性、安全性的时候，探测故障是至关重要的。施工期间，岩土工程师将在现场检查土方工程是否在按照规章制度有序推进，必要时他需要对施工流程进行调整。地震会给工程带来严重的影响，因为某些区域的土壤有可能会在地震、大雨的环境下发生液化。

相关条目
参见
土木工程，第 32 页

征服大江大河，第 44 页

工程伦理学，第 46 页

3 秒微传记
亨利·达西
1803 年—1858 年
提出了所谓的"达西定律"，他研究了水在多孔介质中的流动。

阿尔伯特·阿特伯格
1846 年—1916 年
建立了"阿特伯格极限"，该思想有助于区分淤泥和黏土，并且能够为岩土工程师提供必要的指导。

卡尔·冯·太沙基
1883 年—1963 年
建立了地质力学的学科基础，并且提出了有效应力原理。

本文作者
道格·库珀

在不引发矿井坍塌的前提之下，工程师需要判断工矿企业可以安全地采掘多少矿产资源。

工程师与建筑师

30 秒速读

3 秒概览

工程师和建筑师能够相互提供对方所需要的技能和知识，只有双方将密切合作的态度贯穿于工程项目的始终，才有可能最终建造出真正意义上的伟大建筑。

3 分钟拓展阅读

当一个重要的建筑项目进入到立项阶段时，工程师和建筑师之间的合作就开始了，他们必须一起帮助客户、项目经理充分理解该建筑项目的可行性。建筑师绝对不能天马行空、毫无约束地进行设计，他们的工作必须要在法规、财务、结构以及土层条件等诸多限制条件的约束下展开。在实际施工的过程中，建筑师往往需要反复修改他们的设计，此外他们还需要与各方进行必要的协商，以及提供必要的独创性，只有如此，才能与最初设计保持一致的视觉外观。至于工程师，则需要在施工过程中密切监督各个工作环节，以确保每个项目参与者的人身安全，并且在保持与设计意图充分一致的情况下兼顾各方利益。

在建造一个建筑物的过程中，工程师与建筑师一直保持着相互协助、相互支持的密切关系。具体来说，建筑师专注于工程中"肉眼可见"的方面，比如建筑物的内、外布局，装饰面以及氛围的营造等。而工程师的工作领域，则几乎完全在墙体、地板、天花板后面的隐藏空间，他们要设计建筑物的地基、结构，以及包括空调、照明、安全、通信、水、气、电、排水系统在内的配套设施，并且要在隐藏空间不足时重新确定可见的边界。一个优秀的建筑师，可能会非常在意他人对自己设计作品视觉外观的赞誉，然而即便未能得到认同，他们也不需要为此付出其他额外的代价；然而对于工程师来说，无论是在施工期间，还是在建筑物竣工的数十年后，他们都必须为该座建筑物的结构、安全承担法律责任。建筑师通过多年的工作室工作经历磨练他们的技能和水平；工程师运用抽象的科学概念来分析、预测应力场和建筑空间中的那些肉眼不可见的气流。在建筑师的头脑中，概念性的工作计划可以具有一定的灵活性；而工程师，考虑到这个职业群体按小时计费的收费模式，以及工作内容的可预见性，他们更加倾向于在一个固定的范围内来展开自己的工作。建筑师通常受雇于业主，他们按照约定的比例收取建筑费用。工程师则是对建筑师或者是项目经理负责，并且向他们提供服务。可以肯定的是，正是由于建筑师与工程师之间存在背景、思想、经济利益等各个方面的巨大差异，因此双方之间要想真正密切地合作，就必须在认真工作的同时，学会倾听和妥协。

相关条目

参见

土木工程，第 32 页

岩土工程，第 38 页

环境工程，第 48 页

3 秒微传记

塞巴斯蒂安·沃邦

1633 年—1707 年

主持了法国数百个城市防御工事的建造工作。

奥维·尼奎斯特·阿鲁普

1895 年—1988 年

将建筑师约恩·乌松的理念转化为悉尼歌剧院的建筑结构。

圣地亚哥·卡拉特拉瓦

1951 年出生

卡拉特拉瓦是一名工程师、艺术家、建筑师，他将这几种身份神奇地集于自己一身，并且因此而有能力设计出视觉效果惊人的建筑物。

本文作者

詹姆斯·特里维廉

一座伟大的建筑，是工程师与建筑师通力合作的见证。

工程与文明

30 秒速读

3 秒概览

古代土木工程师所建造的城市通过道路相互连接，其中的一些城市现在依然存在。他们带来了干净的水资源，并且清除了废物，建造出了令人叹为观止的伟大建筑物。

3 分钟拓展阅读

工程师一词最早出现于中世纪的英语中，原意为"操作发动机的人"。现在看来，英文中的"Engineer（工程师）"一词，很有可能是来自拉丁语单词"ingenium"，其意思是聪明、机敏、心灵手巧。可以肯定的是，只有那些能力非凡的人，才能建造出埃及和中美洲的金字塔以及伊朗的波斯波利斯、雅典卫城这样的杰出建筑。罗马工程师维特鲁威曾经明确指出，随着人类社会的不断发展，人们对于熟练工人的技术预见能力、计划能力以及协作能力的要求将会越来越高。人类历史上最早的那一批工程师，都赢得了当时统治者们的绝对信任，他们也因此得到了施展个人才华所需的大量资源。

工程是文明得以向前发展的最重要推动力之一。通过修建道路、桥梁以及人工沟渠，人类从最开始的依靠狩猎生存，逐渐蜕变成了城镇居民。河流中分流出来的水资源，可以促进可持续的乡村农业发展。实际上，正是尼罗河沿岸的灌溉系统，使得埃及这个国家得以繁荣发展，从而催生出了金字塔以及诸多规模宏大的庙宇。无独有偶，巴基斯坦古城摩亨佐－达罗，其历史同样可以追溯到公元前 2500 年，它是世界上最为古老的大型城市之一。摩亨佐－达罗位于印度河流域，该座城市从地下水井中取水，通过沟渠排出废水。令人惊讶的是，摩亨佐－达罗也被建造在一个巨大的网格结构系统之上，在这个方面，它与很多现代大都市并没有什么区别。后来，古罗马的工程师用火山灰制造出了水泥，他们用这种新型建筑材料来建造水坝、沟渠以及规模庞大的城市给排水系统，这一成就使得上百万人都过上了文明、健康的生活。其他不同凡响的工程成就还有波斯阿契美尼德王朝的第二个都城——波斯波利斯（伊朗），以及危地马拉的废弃城市米拉多。米拉多古城的历史可以追溯到公元前 2 世纪，古城内有许多金字塔，其中的一座是世界上体积最大的金字塔。早在公元前 3000 年，中国就已经建成了许多大城市，此外，中国人民还为全世界贡献出了很多伟大的发明，其中最著名的要属四大发明，它们分别是指南针、火药、造纸术以及印刷术。

3 秒微传记

维特鲁威

约公元前 80 年—公元前 15 年

维特鲁威全名马库斯·维特鲁威·波利奥，他为古罗马建造了桥梁、建筑物以及沟渠。

塞克图斯·弗罗伦蒂努斯

约公元 40 年—103 年

根据有据可查的历史记载，弗罗伦蒂努斯总共为古罗马建造了 9 条沟渠，他减少了盗水案件的发生，并且改善着给排水系统的维护工作。

阿波罗多拉

公元 2 世纪

大马士革建筑师，他主持修建了横跨多瑙河的图拉真大桥。

本文作者

罗杰·哈德格拉福特

万神殿依然是世界上规模最大的无钢筋结构的穹顶建筑，该建筑是由轻质混凝土建造而成的。

征服大江大河

30 秒速读

3 秒概览

钢材和钢筋混凝土的出现，使得工程师有能力建造桥梁和水坝，人类也因此在 20 世纪真正征服了大江大河。水坝能够蓄水、供水、发电，而桥梁则可以让天堑变通途。

3 分钟拓展阅读

规模庞大的建设项目，极大地促进了大型工程企业的成长和发展，无论是国有企业还是私营企业都是如此。工程企业精心设计的组织流程，成功地在庞大的建筑工程队伍、客户、供应商之间实现技术协作。虽然技术协作是工程实践的核心内容，但是能够成功实现大规模技术协作的方法却很少被认为是核心工程知识的一部分。

20 世纪初，高强度建筑钢材和钢筋混凝土的高速发展彻底改变了土木工程。混凝土的抗拉强度很低，而预埋钢筋能强化其这方面的性能。也正是凭借高强度建筑钢材、钢筋混凝土等这些全新建筑材料，工程师才在短短数十年的时间里征服了世界上所有的主要河流。一座座桥梁的出现，让公路、铁路能够穿越河流和峡谷，要知道，在之前数千年的漫长岁月当中，那些河流、峡谷始终阻碍各地居民的联系和交往。洪水曾经是人类生存最主要的威胁之一，而水坝的出现，帮助人们控制住了这一灾害。此外，水坝还使得大规模的灌溉计划得以实施，从而让沙漠变成了高产的农田，这一改变极大地提高了全球粮食总产量。更加重要的是，水坝还为世界上大多数城市、工业中心提供了必要的可靠水源。在无数个水力发电站中，大坝下方的涡轮机将流水的动能转化为电能，这也是迄今为止人类所应用的最重要的可再生能源。然而水坝依然存在许多挑战。比如河流侵蚀产生的淤泥，特别是被过度使用的农田所产生的淤泥，会逐渐积聚到水坝所处的水库内，进而大幅度减少水库的蓄水量以及水力发电站的发电量。在许多灌溉工程中，水涝和盐分淤积已经对农业生产产生了极大的负面影响。虽然水坝存在着这样或者那样的问题，但是各国、各地区政府依然热衷于建造水坝和桥梁，因为他们能够以这样的一种方式来展示经济快速发展的成果。不过令人遗憾的是，各国、各地区政府似乎并不愿意提供足够的资源来维护现有的工程设施。

3 秒微传记

欧内斯特·莱斯利·兰瑟姆

1852 年—1917 年

使钢筋混凝土成为广泛应用的
建筑材料。

莫克沙贡丹·维斯瓦拉亚

1861 年—1962 年

推动了印度防洪系统和重要蓄
水大坝的发展。

郑守仁 1940 年—2020 年

张超然 1940 年出生

负责中国三峡大坝的设计和
施工。

本文作者

詹姆斯·特里维廉

钢材和钢筋混凝土的出
现，使得大坝、管道的
建设成为了可能。

工程伦理学

30秒速读

在两栋塔楼的建设工程项目中，建造地基的打桩业务承包商并未按照工程设计将桩打入基岩，为了节约工程费用，他们在只打了设计深度的一半之后，便欺骗政府说工程已经按照规定完成。当建设工程进行到第34层时，该建筑物的主体便开始倾斜。最终，两栋建筑只能被迫拆除，承包商进入刑事追责程序，三人因诈骗罪而锒铛入狱。好在这个豆腐渣工程没有造成人员伤亡，这是不幸中的万幸。在其他同类型的案件中，也有因建筑施工方贿赂工程监理、质检工作人员，要求对方忽略、隐瞒甚至无视工程质量方面的缺陷，最终导致建筑因不符合相关标准而倒塌的情况。众所周知，工程领域的腐败现象最终极有可能会付出生命的代价，因此，要想在公允价值的基础之上，确保建成高质量、更加安全的基础设施，我们就必须重视工程伦理。工程伦理的具体表现包括：不以行贿、受贿的方式来获取工程合约，不以欺诈的方式来掩盖工程缺陷，不加入卡特尔（经济学术语，特指非法的行业联盟），绝不将工程项目承包给家庭成员以规避利益冲突，提供诚实公正的建议等。合法的行业组织可以通过强有力的领导、高质量的培训、有效的控制管理手段、鼓励举报不良行为等方式，来制定、推广良好的工程伦理道德规范。一言以蔽之，严刑峻法有助于工程参与各方最大程度做到合乎规范。

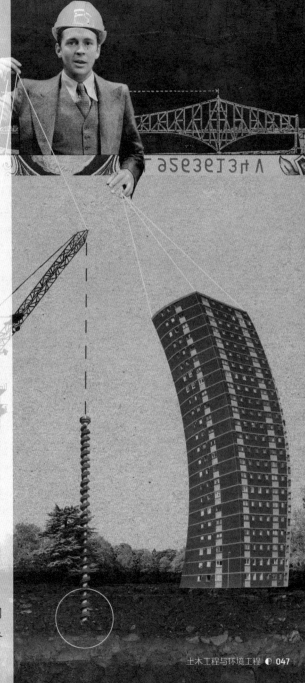

相关条目

参见

岩土工程，第 38 页

不同的思维，第 132 页

3 秒微传记

西奥多·库珀

1839 年—1919 年

库珀是一名美国土木工程师，他也是魁北克地区第一座桥梁——魁北克大桥的总设计师。1907 年，该座大桥在建造过程中倒塌，最终该起灾难性事故导致 75 人丧生。惨案发生之后，有关部门在事故调查报告中对身为工程总设计师的库珀进行了口诛笔伐的批判。

罗杰·马克·博伊斯乔利

1938 年—2012 年

美国机械工程师。1986 年，博伊斯约利强烈反对美国国家航空航天局发射"挑战者"号航天飞机，理由是助推器的 O 形圈可能已经失灵。美国国家航空航天局无视博伊斯约利的警告，随后"挑战者"号航天飞机在发射升空 73 秒之后爆炸解体坠毁，机上 7 名机组成员全部遇难。

本文作者

尼尔·斯坦斯伯里

工程组织、相关机构制定出道德规范，以之来指导工程实践和决策。

环境工程

30秒速读

3秒概览

环境工程师运用工程学和科学原理来制定污染解决方案，防止污染对全球环境产生破坏性的影响。

3分钟拓展阅读

环境影响评估（Environmental Impact Assessment, EIA）简称环评，它全面考察工程项目所产生的积极与消极后果，这一工作流程必须要涵盖一个项目的规划、建设、运营、寿命终止等所有方面。在大多数国家和地区，环境影响评估都受立法约束，并且必须参考来自于公众的意见。至于环境影响评估的最终结论，则要求决策者在制定决策的过程中必须充分考虑到环境价值，同时必须进行详细的环境研究，考虑项目对现在、未来的潜在影响。

环境工程师通常从能源利用效率，对空气、水、土壤、动植物的影响，人类健康风险，噪声污染程度，保护措施以及自然资源利用等多个方面，对工程项目进行评估。从工程设计到制定施工计划，从工艺操作到项目收益……在一项工程的各个环节中，环境工程师都能够施加他们特殊的影响，以便能最大程度保护环境。运用多学科观点以及批判性思维，环境工程师将项目作为地球这个封闭系统内的一部分来进行分析，他们利用物质和能量的流动、大气和气候、水循环和碳循环的计算机模型，来预测污染将如何在土壤、水体以及大气中进行扩散。这些模型是应用了物理、化学、生物化学原理的方程建立起来的，比如质量守恒定律和能量守恒定律。至于针对社会影响的评估，环境工程师需要借鉴可持续发展的原则，采用小组（焦点）座谈等社会科学的研究方法。环境工程师能够在城市设计项目中发挥自己的作用，他们经常运用自己的专业知识，来寻找改善城市环境的有效办法。举例来说，环境工程师能够将排水渠变成精心设计的公园或者自然保护区，经过改造的排水渠还可以发挥蓄水的功能，以减少洪峰期间的水流量。

相关条目

参见

不同的思维，第 132 页

资源稀缺，第 140 页

控制污染，第 146 页

3 秒微传记

艾伦·斯沃尔·理查兹

1842 年—1911 年

理查兹是一名美国土木工程师，同时她也是第一位被麻省理工学院录取的女学生。理查兹是卫生工程、供水和公共卫生领域的先驱。

蕾切尔·卡尔逊

1907 年—1964 年

卡尔逊是美国海洋生物学家、作家，同时她还是一名自然保护主义者。卡尔逊因强调杀虫剂对于环境的影响而蜚声国际，此外，她还发起并推动了全球性的环境运动。

本文作者

茱莉亚·拉姆伯恩

环境工程师提出的可持续解决方案给人类和我们的星球带来巨大的帮助。

机械工程、工程材料 ◑

与机电 一体化

词汇表

执行器 执行器指的是移动或控制其他部件的机械部件。举例来说，电动阀就是一种执行器，它通常被用于调节流体流量以使活塞运动。此外，被用来操作挖掘机动臂的液压缸，也是一种执行器。

合金 为了提高金属材料的性能，将金属与其他金属或非金属元素熔合形成的物质就是合金。当与锌、镁、铜以及其他元素合金化之后，质地柔软的铝材也能变得像钢铁一样坚硬。

原子结构 原子结构指的是原子在固体中的排列顺序。原子结构既有规则的，也有不规则的，前者如晶体、大多数金属材料，后者如玻璃。还有一种原子结构，是规则与不规则的有机组合，陶瓷材料的原子结构便属于这一类型。

有效利用率 有效利用率指的是机械设备以规定性能运行的时间占总运行时间的比例。

腐蚀 由于发生了化学反应，金属表面生成氧化物或者其他副产物（比如钢铁生锈），导致金属材料表面逐渐变质、损坏的过程称为腐蚀。

陶瓷 陶瓷是一种无机非金属材料，大多质地坚硬、易碎。陶瓷通常被应用于高温或者是某些要求绝缘性能非常好的环境。

复合材料 由两种或者两种以上具有互补性质的不同材料所组成的材料，被称为复合材料。举例来说，钢筋混凝土是由水泥、石头和钢材所共同组成的一种复合材料，在这个组合当中，钢材的存在，使得本来易碎的水泥、石头能够承受更大的拉伸应力。

能量的转换、转化 能量可以从一种形式转换、转化为另外一种形式。举例来说，电动机将电能转化为机械能，而电池将化学能转化为电能。

能耗强度 产生一定数量的物质或者达到一定结果所需要消耗的能量，被称为能耗强度。

疲劳 在承受反复、循环载荷之后，金属零部件会逐渐失效，这种现象被称为疲劳。例如，长期受力的车轴就会出现疲劳失效。工程师必须考虑设计出较低最大应力的方案，以避免这些零部件疲劳失效。

反馈控制 反馈控制指的是一套特殊的系统，该系统能够自动调节机械设备的运行状态。具体来说，反馈控制系统通过运用传感器来监测机械设备的状态，并且对监测值进行反馈，以调整执行器的设置，并且对外部干扰进行补偿。

热处理　通过加热、保温和冷却来改变材料性能的方法，被称为热处理。举例来说，如果将炽热的钢质结构件在水中快速冷却，那么它就会变得更加坚硬，同时也变得更脆。

层流　层流指的是流畅、平滑的流体流动状态，层流的流体中没有湍流现象，层流是低速流体的典型特征。

动能　物体、流体由于运动所具有的能量，被称为动能。

高分子材料　由较简单分子通过聚合反应形成的长链大分子所构成的物质，被称为高分子材料。例如，聚乙烯是由乙烯分子经过聚合反应形成的材料，因此它被称为聚乙烯。某些聚合物材料，例如芳纶，是力学性能非常优异的材料。

势能　势能指的是被储存于某个系统内部的能量，这些能量可以在需要的时候被释放出来。被压缩的弹簧、电池以及高架水箱中的水，都拥有势能。钟摆在摆动到末端、处于静止状态时拥有势能，在摆动过程中拥有动能，而它的来回摆动，充分反映了势能与动能之间的规则交替和转化。

可靠性　机械或设备在无故障状态下正常工作的能力，被称为可靠性。通常情况下，可靠性以平均无故障时间（MTBF）来衡量。

轧制（材料加工）　通过在高压辊中不断地挤压，使得金属材料变薄、变长、强度增强的过程，被称为轧制。轧制能够改善金属材料的性能。

传感器　监控、检测物理特性，并生成指示测量值信号的装置，被称为传感器。举例来说，热电偶能够测量温度，并且可以生成指示温度的微弱电压。

持续性保障（工程资产管理）　持续性保障指的是结合操作实践，有计划地对机械设备进行维护、维修，以及按照预先的计划进行翻新或者更新、迭代、升级，以便最大限度提高机械设备的有效利用率。

热力学　热力学指的是研究物质热量和能量转换的学科。热力学能够指导工程师从事与发动机、空调以及其他化学过程相关的工作。

湍流　具有涡流的不稳定流体流被称为湍流。湍流中充斥着快速、小型的随机变化，这是高速流体流的典型特征。

权衡　权衡指的是在两个或者两个以上相对理想但不兼容结果之间的折中，这往往需要人工判断才能做出最终的决定。

机械工程

30 秒速读

3 秒概览

机械工程的研究对象很广泛，包括汽车、飞机以及供水系统等。机械工程使工厂的机床和自动化成了可能。

3 分钟拓展阅读

卡诺循环以法国工程师尼古拉斯·莱昂纳尔·萨迪·卡诺的名字来命名，该循环阐释了一种理想状态的热力发动机，解释了我们无法从化石燃料中提取所有能量、无法将所有能量都转化成电能的内在原因。此外，卡诺循环还说明了我们如何利用机械能来进行冷却，从而逆转热能的自然流向，使之流向较冷的材料。通过改进机械设计，来提高能源效率，是人类减少温室气体排放、减缓全球变暖趋势的最简单方法之一。

机械工程的研究对象很广泛，涵盖了从机器、工具、发动机，到石油钻井平台，甚至是人造心脏和血管的广大范围。牛顿提出的三大运动定律，为机械工程师提供了用来解释机器如何进行工作的基本原理。在 1750 年工业革命期间，机械工程师是非常重要的一个群体，他们应用牛顿运动定律先后发明、制造出了泵、机床、纺纱机、铁路、轮船，后来还制造出了汽车。随后，伯努利原理的提出，将牛顿运动定律扩展到了流体运动领域。在该理论出现之后，工程师便能够设计泵和管道系统了，这一突破不仅为人类提供了清洁的饮用水，而且能够排出污水、废水，极大地提升了全人类的健康水平。热力学定律解释了热机中化学能的释放原理，该定律能够让机械工程师制造出速度更快、效率更高的汽车、飞机、宇宙飞船以及节能空调等。机床的高速发展使工厂生产逐步实现了自动化，这样一来，企业就能够在不断下调产品售价的同时，依然保证产品的质量水平。性能日益改善的原材料，与强大的计算机分析、3D 打印相结合，极大地增加了工业设计的可能性。

3 秒微传记
丹尼尔·伯努利
1700 年—1782 年
伯努利是一位瑞士数学家，他阐释了运动流体的动能，如何与静止流体的等效深度势能相对应。

尼古拉斯·莱昂纳德·萨迪·卡诺
1796 年—1832 年
卡诺是一名法国机械工程师，他解释了为什么热机功率与最热、最冷部件之间的温差成正比。

本文作者
詹姆斯·特里维廉

机械、机构以及流体的运动，是机械工程中的三个核心问题。

1820 年 7 月 5 日
出生于苏格兰爱丁堡。

1836 年—1838 年
就读于爱丁堡大学，因论文《光的波动理论》和《物理调查方法》获奖；毕业于爱丁堡大学土木工程专业。

1839 年
师从约翰·麦克尼尔。

1842 年
当选为苏格兰皇家艺术学会会员。

1843 年
发表论文《车轴断裂》，提到了金属疲劳失效。

1844 年
受聘于洛克和埃林顿。

1848 年
开始研究分子物理以及热力学。

1849 年
当选为爱丁堡皇家学会会员。

1852 年
设计了从卡特琳湖至格拉斯哥的供水系统。

1854 年
因其在热力学研究领域所取得的成就，被授予爱丁堡皇家学会基思奖；被任命为格拉斯哥大学土木工程与力学系教授。

1862 年
出版了《土木工程手册》。

1863 年
因论文《蒸汽的液化》而获得了苏格兰工程师学会金质奖章。

1866 年
出版了《造船——理论与实践》一书。

1868 年
被选入瑞典皇家学院。

1869 年
出版了《机械与木工》一书。

1872 年
调查面粉厂爆炸事件，并向有关部门报告事故原因。

1872 年 12 月 24 日
逝世于苏格兰格拉斯哥。

威廉·约翰·麦夸恩·兰金

热机对人类的生产生活产生了极为深远的影响，几乎没有哪一种机械的影响力能够与之媲美。发动机将热能（太阳能、核能、化石能以及地热能）转化成了人类可用的机械能和电能，这是人类历史上取得的最伟大成就之一。苏格兰工程师麦夸恩·兰金所提供的理论和实践知识，促进了我们今天广泛应用的汽车发动机、发电机涡轮喷气发动机、火箭发动机的完善和发展。

1820 年，兰金出生于苏格兰爱丁堡，童年时的他体质孱弱，甚至因此而无法像其他小朋友那样正常地上学读书。父亲与家庭教师一道给兰金传授知识和文化，后来一位叔叔向他介绍了牛顿的经典著作《原理》，自此他开始自学高等数学和力学。兰金在爱丁堡大学学习化学、土木工程，然后他担任了 16 年的土木工程师。在那之后，兰金加盟格拉斯哥大学，他在该校担任土木工程和力学系教授。

兰金发表、出版了数量惊人的专业技术文章和书籍：在 1842 年到 1872 年之间，他的公开出版物多达数百篇。令人更加惊讶的是兰金的专著、论文风格，他总是能用最清晰、最简单的遣词造句充分表达自己的想法。兰金的这种行文风格，使得广大工程师能够充分理解他的想法，并且借鉴他的思想进而取得更高的成就。兰金所写的大部分内容都成了当今世界各地的机械工程师学习和研究的标准资料，是能够让读者通过自学获取其所需知识的原始科学贡献。

兰金与鲁道夫·克劳修斯、威廉·汤姆森（开尔文勋爵，绝对温标便是以他的名字来命名的）合作，共同完善了法国工程师萨迪·卡诺在之前 20 年出版的《热动力》一书中的公式，阐述了对热能和机械能等价性以及二者之间转换的理解，从而解释了热机如何有效地进行工作。

兰金的知识面之广泛达到了令人震惊的程度。除了热机理论之外，他的贡献还包括：规划铁路轨道的实用方法；对液体到气体（汽化）、气体到液体（液化）转变的研究；根据商业船舶建造商提供给他的机密数据、风浪的行为特征及其对于船舶稳定性的影响，预测驱动蒸汽轮船所需功率的简单实用方法。

兰金深受侪辈敬仰，这种敬仰不仅仅是因为他在科学技术领域做出的巨大贡献。还因为"他（兰金）一贯和蔼可亲，待人热忱、慷慨，从来不会藏私，这些特质令他在我们这个圈子里拥有巨大的亲和力。实际上，兰金的为人处世能力丝毫不逊于他在科学领域所取得的杰出成就。"1872 年的平安夜，年仅 52 岁的兰金撒手人寰。值得一提的是，兰金一生未娶，且没有子嗣。

詹姆斯·特里维廉

工程材料

30 秒速读

3 秒概览

工程材料这门学科，能够指导工程师对材料进行设计、改进和选择。通过改变材料的组成以及分子、原子结构，材料工程师能够开发出适用于特殊领域的创新型材料。

3 分钟拓展阅读

胡克定律以 17 世纪英国博物学家罗伯特·胡克的名字来命名，该定律指出，一种材料的变形与施加的应力呈线性关系，直至达到极限；而当应力消失时，该材料能够恢复到原来的形状。刚度变形比是材料最重要的特性之一。举例来说，类似于混凝土这样坚硬的材料，即便是在很强的荷载下也不会弯曲；而对于塑料吸管来说，即便是很小的吸吮力，也会使其弯曲。

任何一种工程材料都有各种各样的内在、外在性能，比如说强度、柔韧性、耐腐蚀性、导电性、磁性、颜色均一性、表面性能等，工程师可以根据不同的需要来选择相应的材料。按照性质来分类，材料可以分为四种：金属材料、非金属材料、高分子材料以及复合材料。钢、铝、铜等都属于金属材料，这一类材料因为优异的强度、塑性而被广泛地使用。非金属材料质地坚硬、易碎，这类材料拥有优异的耐腐蚀性和耐热性。塑料属于高分子材料，这一类材料通常质地比较软，具有一定的柔韧性，也比较容易加工成型。复合材料是由不同种类的材料共同组成的，这一类材料能够将不同性能的不同材料结合在一起，因而可以具有某些特殊的性能。举例来说，玻璃纤维、碳纤维能够增强高分子材料、骨修复材料、混凝土甚至是木材的强度，这些增强型材料都属于复合材料。材料工程师通常需要遵循"加工—结构—性能"的原则。材料组成、制备方法以及后续的加工处理过程，都会影响到材料内部的分子、原子结构，这些结构最终决定了材料所表现出来的宏观性能。材料工程师必须想方设法地改变材料内部微观结构，以获得需要的性能。例如，合金化、热处理、轧制能让金属材料性能变得更强。技术的进步往往取决于新材料：航天飞机需要由特殊陶瓷材料制成的隔热板；节能灯依靠电流流过时能够发出强光的材料；而冰箱、空调这样的家用电器，都依靠一种特殊的流体。

3 秒微传记

阿道夫·马滕斯

1850 年—1914 年

马滕斯发现，对钢材进行加热、冷却等不同方式的热处理，会得到晶型结构截然不同的两种钢材，相应地，它们的性能也存在巨大的差异。

阿尔弗雷德·威尔姆

1869 年—1937 年

威尔姆开发出了高强度铝合金材料，这种材料被广泛应用于飞机制造领域。

史蒂芬妮·克沃勒克

1923 年—2014 年

克沃勒克是一位女化学家，她最先发明了凯夫拉合成纤维。目前，该种超高强度的聚合物纤维材料已经被应用于防弹背心的制造。

本文作者

蒂姆·塞尔科姆贝

工程材料为其他所有工程学科奠定了基础。

机电一体化

30 秒速读

3 秒概览

机电一体化指的是由机械、电气和电子设备共同组成的工作系统，这一类系统通常需要与计算机协同工作。机电一体化系统有助于使复杂的机械设备变得更加安全、可靠。

3 分钟拓展阅读

在此，笔者为设计和维护机电一体化这一类型复杂控制系统的工程师提供一个思路。设计人员设计机电一体化控制系统的目的，是在常规条件下可靠、安全地运行。然而，要想在保持完整、持续的安全性和可靠性的前提之下，断开传感器以及其他零部件来进行维修，这样的苛刻要求对于系统设计人员来说是一个艰巨的挑战。由于人们很少对这一类系统进行维护，因此，软件错误很有可能会被工作人员忽视，也正是由于这个原因，从事系统维护工作的技术人员才需要区分造成系统故障的根源，究竟是持续性的软件故障，还是随机性的组件故障。

截止到 20 世纪 80 年代，电子设备、微型计算机控制着诸如机器人、汽车发动机等各种机械设备。在那之后，各大公司、企业开始要求专业工程师来设计带有传感器的电动机，尔后将那些电动机与计算机连接在一起。除了完成上述工作之外，工程师还需要编写软件代码，因为只有他们才真正了解机器的细节。后来，具备上述能力、有能力完成此类工作的工程师，被称为机电工程师，这个行当始自日本，随后全球各个国家都出现了机电工程师。机电一体化得到了方兴未艾的发展，该门学科使得智能机器能够适应其自身的行为，这直接为人类开启了一个全新的时代。即便是在最为寒冷的天气里，计算机也可以确保汽车发动机能够轻松地启动、平稳地运行，并且能够在节约燃油的同时，最大限度减少尾气排放量；而另外一种类型的计算机，则可以感应到钥匙的靠近，进而自行为用户解锁、开门。反馈控制是机电一体化主要的工作原理之一。以汽车为例，速度传感器将采集到的数据反馈给巡航控制器，后者据此来调整汽车发动机的功率：当车速偏慢时，巡航控制器会发出增加供应燃油的指令，从而提高发动机的功率，以提高车速；而一旦车速过快，那么巡航控制器就会降低发动机功率，从而减慢车速。现如今，很多汽车都可以在高速公路上自动跟随前方车辆行驶，这个工作过程需要雷达传感器来进行测距，在必要的情况下，汽车甚至可以自行主动制动。安全性和可靠性是机电一体化所面临的两大主要挑战，当然，类似于防抱死制动系统（ABS）这样的机电一体化系统，现如今已经是非常值得信赖的了，因此人们完全可以依靠这一类系统来确保自身的安全。

相关条目
参见
机器人与自动化，第 68 页

计算机工程，第 96 页

无人驾驶汽车，第 126 页

3 秒微传记
耶德利克·阿纽什
1800 年—1895 年
1828 年，耶德利克发明了极具实用性的电动机。

维尔纳·冯·西门子
1816 年—1892 年
西门子推动了电报机和电动机的发展，此外他还一手缔造了伟大的西门子公司。

罗伯特·博世
1861 年—1942 年
博世为汽车工业研究、开发、制造出了安全、可靠的火花塞，此外他还引入了 8 小时工作制，并且将其公司的利润用于慈善事业。

本文作者
詹姆斯·特里维廉

智能设备能够感知到即将发生的故障，并且在维修汽车时对技术人员发出提醒。

防御准备

30 秒速读

为了保卫国家主权和领土完整，每个国家都会在国防领域投入巨资。国防工程师的职责是要确保国家在本领域投入的巨额资金所换来的昂贵军事装备能够在关键时刻发挥出它们应有的作用。当然，一个国家投入巨资配置的国防装备，有可能会在长达三四十年的时间里都处于闲置状态，因此，国防工程师还必须将这些设备的维护和保养成本降到最低。电子信息、计算机技术的蓬勃发展，使原始电子设备配备的零部件快速成为陈旧、过时的零部件，因此设备管理者必须为它们准备大量的备件。至于飞机、轮船和汽车，为了保持它们必要、合理的性能，往往需要彻底更换电子设备，其代价自然也是非常高昂的，甚至有可能会导致它们在长达数月、数年的时间内无法服役。为了应对这些挑战，并且为民用飞机提供必要的安全保障，高端装备制造技术和方法已经取得了突破性的发展。可追溯性就是这样一种制造方法，该方法可以记录每一批材料、每一次生产过程，甚至是每一个工人在制造部件过程中所发挥出来的作用。据此，工程师可以对可靠性、可用性进行预测，并且运用统计数据来最终决定哪些改进最为有效。在整个过程中，详细的观察和记录自然是必不可少的，当然，训练有素的维修技术人员同样不可或缺。

3 秒微传记

松下幸之助

1894 年—1989 年

日本著名公司松下电器产业株式会社的创始人。该公司是最早采纳戴明质量管理理念的公司之一。

W. 爱德华兹·戴明

1900 年—1993 年

对高质量制造业的发展产生了深远的影响。

杰弗里·莱特·维尔德

1917 年—2007 年

带领罗尔斯·罗伊斯公司开发高度可靠的飞机发动机，目前这些发动机已经被应用于大多数现代民用飞机。

本文作者

詹姆斯·特里维廉

工程师能够预测出，在未经维修的情况下，一架飞机或者一艘轮船能够正常运行多长时间。

从推力轴承到大容量硬盘

30秒速读

3秒概览

机械工程师发明了可倾瓦推力轴承，该装置能够将螺旋桨产生的推力传递到船体上。运用相同的原理，计算机硬件工程师使硬盘记录磁头可以在距离磁盘表面几纳米的位置上高速运行。

3分钟拓展阅读

当硬盘处于工作状态时，其磁头在气体薄膜上"飞掠"过高速旋转的磁盘，而来自于柔性臂的力，平衡、抵消了来自于气体薄膜的升力。但是，一旦电源被切断，会发生什么呢？在磁头停止工作之后，哪些因素可以避免它与磁盘表面发生摩擦呢？随着硬件制造技术的高速发展，现如今的计算机已经能够感应到电源的损耗，这样一来，它就能够在电源完全断开之前，迅速将硬盘磁头移动到磁盘最内侧的磁道上。这样一来，当磁盘停止工作时，磁头便会停留在磁盘上一个未曾被使用过的区域了。

毫无疑问，船舶用螺旋桨是一个非常伟大的发明，不过该发明需要另外一个伟大发明的"加持"，才能够充分体现出它的真正伟大之处。螺旋桨旋转但船不旋转，工程师对于船舶用螺旋桨的期待，是希望该装置能够通过推力轴承，将螺旋桨所产生的推力传递到船体上。大型船只的螺旋桨，能够产生2000千牛甚至更大的推力。1905年，两位机械师同时独立地提出了相同的想法，澳大利亚的安东尼·米歇尔、美国的阿尔伯特·金斯伯利这两位工程师，分别发明了可倾瓦推力轴承，该装置由一系列在固定倾斜垫上滑动的平面所组成，滑动平面与倾斜垫之间的润滑油产生压力，从而使这两个表面分开，并保持一定的距离。150厘米的圆周内有六块钢板，就足以应付吨位最大的船只了。计算机硬盘的设计人员面临着另外一个挑战：如何将记录磁头保持在磁盘表面上方1万纳米（人的头发直径约为9万纳米）处。为了解决这个问题，设计人员运用了类似于可倾瓦推力轴承的解决方案：一个略微倾斜的磁头，在外壳内部的惰性气体薄膜上"飞掠"过磁盘表面。在20世纪70年代初期，直径40厘米的硬盘驱动器，其磁盘存储容量为5兆字节；而到了本世纪，记录磁头的高度降低到了磁盘上方5纳米，而袖珍磁盘的存储能力，已经达到了当年的一百万倍。

3 秒微传记

奥斯鲍恩·雷诺

1842 年—1912 年

雷诺是一名爱尔兰数学家、发明家、工程师，他深入研究了流体中的层流和湍流。通过"雷诺数"，工程师能够知晓层流何时会转变成为湍流。

阿尔伯特·金斯伯利

1863 年—1943 年

安东尼·米歇尔

1870 年—1959 年

这两位分别是来自于美国和澳大利亚的机械工程师，他们几乎同时发明了可倾瓦推力轴承，目前，该装置依然被用于船舶的螺旋桨轴。

本文作者

詹姆斯·特里维廉

可倾瓦推力轴承的出现，给船舶工业、硬盘驱动器都带来了翻天覆地的变革。

风能

30秒速读

3秒概览

风力发电场通常位于海面上，其发电成本与化石燃料一样低廉。风力发电在社会、环境、经济、技术等各个层面上所产生的影响，需要政府机构、专业技术人士来进行权衡、取舍，实际上直到今天，该项发电技术依然存在一定程度的争议。

3分钟拓展阅读

太阳辐射所带来的热量，导致地球大气层的空气发生流动，从而产生了风。风为人类提供了一种清洁能源。与金属材质相比，碳纤维的生产过程能耗更高，然而该种材料更加耐用。天然复合材料更加环保，但是这一类材料的加工难度要高于传统工程材料。风力发电机的噪声非常大，这对鸟类非常不友好。工程师的职责是在可接受的社会、环境影响下，实现经济能源的生产。

2000年前，风动力帆船横渡尼罗河；中国农民使用风力水车来进行农田灌溉；波斯人运用带有编织芦苇帆的风力轮机来碾磨谷物。现代，风力发电机的叶片被设计成酷似飞机机翼的外形，这种设计能够尽可能多地获取风能，而发电机则能够把叶片获得的风能（动能）转化成为电能。在传统意义上，大多数风力发电机都有一根水平轴，那是一根迎风且与地平线保持平行的轴，而涡轮机叶片则围绕着该水平轴旋转。碳纤维材料的出现，令工程师能够设计出80米长的轻型风力发电机叶片。计算机控制的机械设备，能够生产特殊轮廓的叶片，以达到降低噪声的目的。随着每个转子能够产生更高的功率，需要引入专门的冷却系统，来保护可动态调节叶片和转轴方向以获得尽可能多的风能的电子设备，以及能够提高转轴旋转速度以获得更高发电效率的齿轮箱。垂直轴风力发电机类似于搅拌机中的搅拌器，尽管同样需要快速启动，然而它不需要始终保持在迎风状态。各个地区的风力强度不尽相同，因此，风力发电不可能满足全社会的用电需求，这就需要其他发电方式来分担电力需求和供应。

3 秒微传记

希罗

约公元 10 年—70 年

希罗发明了水风琴、圣水自动
售卖机以及水泵。

詹姆斯·布莱斯

1839 年—1906 年

布莱斯制造出了世界上第一台
采用垂直轴设计方案的风力发
电机。

乔治·达利乌斯

1888 年—1979 年

达利乌斯推动发展了现代垂直
轴风力发电机的设计。

本文作者

珍妮·斯特鲁德·罗斯曼

合理、高效地利用可再生
的风能，是一代又一代
工程师持之以恒的追求。

机器人与自动化

30秒速读

3秒概览

大多数机器人和自动化工程师的工作目标，是提高工厂和仓库的产品质量以及工作效率。在某些特别设计的环境中，机器人往往能够表现得非常出色，因为那样的环境能够让它们清楚自己所处的具体位置。

3分钟拓展阅读

长期以来，人工智能一直被视为是一项突破性技术，因为人们普遍认为，人工智能能够赋予那些"蠢笨"的机器人以智能，从而使他们能够在非结构化的环境中工作，比如救灾。然而，即使近来"深度学习"这样拥有光明前景的前沿领域已经取得了令人振奋的研究进展，人工智能距离人们的预期也依然有相当长的一段距离。目前，无人机、无人驾驶汽车都已经用上了价格越来越低廉、功能越来越强大、可靠性越来越高的传感器、电动机以及电池组；而较之以往，虚拟现实将帮助人类以一种更加轻松、惬意的方式来控制机器人。

工具能够推高人类能力的上限，而机器人则是工具的最新发展和表现形式。对于绝大多数机器人领域的工程师来说，他们最为关注的工作对象，绝不是那种拥有人工眼睛或科幻小说中所描述的那种拥有机器智能的类人机器人。大多数的工业企业自动化都使用机器来完成特定的任务，例如制作一个内部装配有电线的模制塑料插头。总之，当需要完成某些精细程度、复杂程度较高的任务时，机器人绝对是各个工业企业的首选。机器人科学是一个多学科交叉的领域，要想真正制造出一台高质量的机器人，需要多个领域的科研人员进行深入、广泛的合作，这些领域包括机械结构与机械设计、齿轮和制动器、电动机、电池、液压系统、电子传感器、数据通信以及计算机等。在材料经济性、强度、耐久性等各个方面，工程师都将他们的独创性提升到了一个极致高度。至于软件开发，则通常需要付出极大的努力。在工业企业中，机器人只需稍加改动，就能够精确地重复完成相同的工作。当然，工业机器人需要一个完整的生产设施来提供支持，具体来说，它们需要输送机来运送零部件，用夹具来固定零部件，此外，它们还需要用到焊枪等工具。安全联锁装置能够让技术人员在安全的前提下修复故障或进行修正。设计、建造、编程以及测试生产设备需要花费很多精力。机器人必须迅速从故障中恢复，这就好比我们必须尽快移除被卡在夹具中已经变形的零部件。

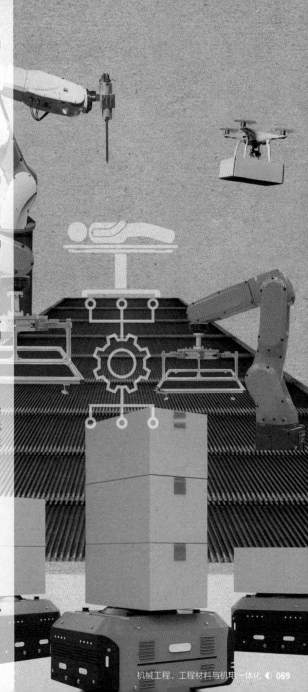

3 秒微传记

卡雷尔·恰佩克

1890 年—1938 年

剧作家，他用"机器人"一词
来描述那些类人工作机械。

乔治·C. 德沃尔

1912 年—2011 年

申请了"可编程物体转移"机
器（后被称为 Unimate）的美国
专利，专利号为 2988237。

约瑟夫·恩格尔贝格

1925 年—2015 年

恩格尔贝格是一名机器人科学
的推广者，他第一次将商业化
的工业机器人应用于危险的工
业作业。

本文作者

詹姆斯·特里维廉

目前，可移动机器人已
经被广泛应用于港口、
矿山、仓库甚至是医院。

化学工程与 ◑
能源生产

词汇表

基本负荷功率　基本负荷功率指的是为满足动态可变需求而需要的连续24小时的发电量。当用电需求从基本负荷水平上升至更高水平时，发电企业就需要提供额外的尖峰负荷功率来满足全社会的用电需求。

需求（电气工程）　需要满足的电力需求，它由当前在供电网络中连接、打开的所有设备的数量、功率需求共同决定。

工业废水　工业废水指的是从加工厂流出的液体，这些液体或者被排入下水道，或者直接流入河流、海洋，或者被输送到另外一个加工厂进行进一步的加工。

电解槽　电驱动化学反应所需的反应容器或者是电池，被称为电解槽，例如，将水转化为氢和氧的反应，就发生在电解槽当中。电解槽中发生的化学反应，与燃料电池内发生的化学反应过程刚好相反。

燃料电池　燃料电池的本质是一种化学装置，在燃料电池中，气体和液体可以发生化学反应并产生电能。燃料电池内所发生的化学反应，与电解槽中所发生的化学反应过程刚好相反。

总布置图（GA）　总布置图显示了加工厂或者其他机械的所有主要零部件，并且说明了它们在三维空间中以怎样的相互位置关系来排列。总布置图通常需要按照比例来绘制。详图显示了制造和装配所需的各个组件的物理细节。

地热能　来自于地壳深处熔岩的能量，被称为地热能。

电网（电气工程）　电网指的是整个电力供应系统，它包括发电站、变压器、开关站以及电力线的相互连接。

惯性（旋转）　某个处于旋转运动状态的物体，继续保持旋转运动状态的趋势，被称为惯性（旋转）。实际上，该种趋势与物体的旋转动能直接相关。

质量和能量平衡　利用化学反应方程式和能够预测物理和化学转变的状态方程式，来计算单个过程中所有物质、能量的输入和输出。

核裂变　在吸收中子之后，较大、较重原子（比如说铀）的原子核发生分裂，这个过程被称为核裂变。通常，核裂变反应的副产物质量较之前稍有减少，而减少的那部分质量都转化成了大量的能量。

管道和仪表图（P&ID）　管道和仪表图指的是一类图样，这类图样显示了创建一个加工厂以及控制其运行所必需的所有罐体、泵、反应容器、管道连接和仪表。

动力反应堆（核工程） 动力反应堆指的是一种装有核裂变燃料和控制装置的屏蔽容器，它能够控制热能的产生。

工艺流程图（PFD） 工艺流程图是一种图样，它显示了工业企业中生产线上的所有工艺装置。通过工艺流程图，工程技术人员就可以了解到该工厂将固体、液体、气体原料生产成为最终产品的全部工艺流程。

加工厂（化工、机械、采掘工程） 一个加工厂，由储罐、反应容器、泵、管道以及其他各种相关装置共同组成，它能够将固体、液体或者气体原料合并、转化为有价值的产品。例如，一家矿物加工厂，能够将碎石转化成为精致的产品；而发电厂则是利用燃料来发电。

抽水蓄能 抽水蓄能指的是一种储能装置，当电能已经供过于求时，人们用多余电力将水抽到高水位；而当用电量激增时，再将之前抽到高位的水释放出来，并且通过涡轮机将流水的动能转化为电能，以帮助满足峰值电力的需求。

放射性废物 放射性废物指的是核裂变反应或者释放辐射、高能粒子的其他材料所产生的副产物，其放射性水平随着时间的延续而逐渐降低。放射性水平以半衰期来表示，这一概念指的是放射性元素的原子核有半数发生衰变时所需要的时间。

可靠性 机械或者设备保持无故障状态运转的能力被称为可靠性。可靠性这一概念通常以平均无故障间隔时间（MTBF）来衡量。

可再生能源 可再生能源指的是能够通过自然的力量循环再生，取之不尽、用之不竭的能源。例如，风能、太阳能、潮汐能、海浪能、地热能等，都属于可再生能源。

风险评估 风险评估实际上是工程技术人员的决策过程，这一过程用来评估那些风险事件（不可预测但可预见）发生的可能性，以及可能带来的后果。通过风险评估，工程技术人员就能够制定出相应的控制措施，以降低不良事件发生的概率，同时减轻负面后果的危害程度。

单元操作（化学工程） 单元操作指的是化学工程过程中的一个步骤。例如，从含有固体颗粒的液体中分离出粉末的过程就是一个单元操作。

化学工程

30秒速读

3秒概览

在许多行业的工业企业中，化学工程师负责设计和操作工艺设备，他们主持生产人类社会所需要的各种材料，这其中甚至包括很多被公众误认为并不属于化学品的材料。

3分钟拓展阅读

在提供安全饮用水、处理生活污水及工业废水方面，化学工程发挥着极为重要的作用。在人类历史上，工程供水、卫生设施的发展所带给人类的健康改善，远胜于医学的进步。科学的食品包装和加工，大大减少了浪费的现象，相应地也减少了人类需求增长的绝对数量。如果化工厂操作不当，很有可能发生重大事故，因此，化工工程师必须投入相当大一部分精力，来确保这些大型化工厂的安全运行。

人类文明需要各种各样的材料，而化学工程师最重要的职责之一，就是设计、经营能够制造这些材料的加工厂。具体来说，人类日常生活所必需的水、燃料以及药品，都来自这些加工厂。当我们准备建造一家化学加工厂的时候，工程师必须要充分理解那些复杂的机器设备是如何有序安装、协调工作的，实际上，这种理解已经充分融合了他们的实践知识、直觉艺术、科学以及数学等多个领域的认知。工厂里通常有一系列相互关联的单元操作，工程师需要以质量和能量的平衡为原则，来考虑每个单元的具体操作方式，该平衡指定了单元操作中进出的能量和材料。由于物质和能量既不能产生也不会消失，因此化学和热力学方程就决定了所有质量和能量的流向。根据质量平衡，人们创建了工艺流程图（PFD），这是工厂设计的起点。至于工厂内部的设备，则由管道和仪表图（P&ID）来确定，该图显示了控制过程以及确保操作安全所需要的一切要素。总布置图（GA）确定了工厂的实际布局，它通常是一个三维立体的展示图。在施工之前，工程师必须详细检查每一个细节。众所周知，一家加工厂的建造成本可能高达数亿英镑，而且化工厂的特殊性也决定了如果设计和操作过程中存在瑕疵，极有可能会造成非常危险的后果。实际上，在施工开始之前，工程师需要让所有工程涉众都充分相信，他们已经在建设成本、施工安全、可靠性等多个方面找到了最佳平衡点，只有如此，工程才能真正启动。

3 秒微传记

乔治·E. 戴维斯

1850 年—1906 年

戴维斯是一名英国工程师，现在他被誉为是"化学工程之父"。戴维斯开创性地提出了单元操作等化学工程领域的关键概念。

玛格丽特·鲁索

1910 年—2000 年

玛格丽特·鲁索是一名美国化学工程师，她设计出了第一个生产商业用青霉素的化工厂。值得一提的是，玛格丽特·鲁索也是美国化学工程师学会的第一位女性成员。

本文作者

西恩·墨兰

在全面生产开始之前，工程师必须对工厂的每一个流程、环节进行测试。

发电与储能

30 秒速读

3 分钟拓展阅读

锂离子电池最初被应用于消费电子领域，当时，这一类电池主要是为手机、笔记本电脑研发、制造的。现如今，工程师越来越多地将锂离子电池用于为汽车提供动力，或者是为电网储存电能。在竭尽全力保持低电价的过程中，工程师对于巨型电池提出了更高的要求，也正是这些要求，刺激了科研人员对于更加安全、成本更加低廉、存储能力更强的电池的研究和开发。巨型电池由成百上千个拇指大小的电池共同组成，其工作原理为：在电价较低时储存廉价的剩余电量，随后在用电量、电价双双高涨时将其出售，利用这样一种"低买高卖"的方式来抵消巨型电池高昂的成本。

早在 19 世纪 80 年代，工程师就已经建立起了城市电网，在经过了一百多年的发展之后，当今世界上每一座城市的正常运行都无比依赖电网。从目前的供电格局、结构来看，机械发电机提供了人类所需的绝大部分电力。机械发电机指的是那些由煤炭、核反应堆来加热的汽轮机或者燃气轮机驱动的发电机。旋转涡轮的惯性能够保持电网供电能力的稳定性。众所周知，在有人打开一盏灯的那一瞬间，全社会的用电需求会有一个瞬间的提升，这必定会在一定程度上影响到电力的供需平衡，在那之后，自动控制系统会供应更多的气体或者蒸汽来进行补偿，以增加发电机的发电效率。电力工程师的职责是必须确保供电系统有能力满足用电高峰的需求，为了实现这一目标，许多发电机必须保持在运行状态。热力学第二定律的提出，解释了发电机效率的问题。实际上，在发电的过程中，发电机会产生碳、其他污染物以及无法被利用的废热，这些都会影响到发电机的发电效率。对于风能、太阳能、潮汐能等可再生能源的利用，帮助人类降低了发电过程中碳排放量。利用可再生能源发电，其电能供应量受到很多因素的影响，因此它提供的电能总量存在巨大的不确定性。通过连续不断地调整机械发电机的发电量，我们可以平衡可再生能源供应电力的不足，然而这种调节的成本极为高昂，同时还会产生更多的污染。电网规模储能（巨型电池）已经从经济层面上变得越来越有实际意义。水电解槽能够产生氢气，该种气体在储存后能够用于燃料电池，这可以补偿可再生能源发电量与用电需求之间的差额。

相关条目
参见
风能，第 66 页

核能，第 78 页

能源与金融，第 138 页

3 秒微传记
威廉·罗伯特·格罗夫
1811 年—1896 年
1939 年，格罗夫发明了燃料电池，后来美国国家航空航天局采用了该发明的原理，并对其加以了进一步的应用。

尼古拉·特斯拉
1856 年—1943 年
特斯拉开发出了交流发电机、电动机以及电力传输系统。

伊迪丝·克拉克
1883 年—1959 年
克拉克开创性地提出了预测电网承载能力和稳定性的数学描述。

本文作者
保罗·谢林

电能维系着人类社会的正常运转。

核能

30 秒速读

3 秒概览

核电能够提供基本负荷电力以及保持电网稳定。由于核能发电产生的温室气体排放量低于所有其他发电方式，因此，很多国家都将依靠核能发电来实现减排的目标。

3 分钟拓展阅读

随着社会的不断发展，人们对于保护环境、维持生物多样性、减少温室气体排放等方面的要求日益提高，而这些要求成为促使工程师开发小型模块化反应堆（SMRs）核电站的重要推动因素。在这一类核电站内部，反应堆模块能够在燃料耗尽前被快速更换，并且被送往中央整修工厂进行换料和废物控制。毫无疑问，小型模块化反应堆核电站安全程度更高、更易于管理，这一类核电站能够在保持稳定电网的同时提供基本负荷电力。

动力反应堆中的核裂变过程所产生的热量能够用来发电。与传统能源相比，动力反应堆所消耗的燃料（主要是铀）非常少，具体来说，获得等量的电能，反应堆所需的燃料仅为传统发电所需化石燃料的五千万分之一。值得一提的是，核电行业是唯一能够存储、处理所有废物的行业。换句话说，在一家核电站内部，所有高放射性的废物都能够得到妥善的控制。与化石燃料发电站类似的是，核电站同样是连续运行的，它最适合供应基本负荷电力；当然，通过预留足够的发电容量，系统控制器也可以应对用电需求的变化。众所周知，核电站存在一定程度的安全隐患，然而尽管如此，很多国家依然需要以这样一种发电方式来维持必要的电力供应，并且利用旋转惯性来稳定电网频率，同时减少温室气体排放。毫无疑问，清洁的可再生能源终将取代煤炭、天然气等化石能源，然而现阶段我们不能忽视一点，那就是将足够的电力储存在电池或者是抽水蓄能水库中以适应全社会用电需求的变化，这一过程的成本是相当高昂的，而且需要新技术的辅助。如果我们能够实现核聚变反应的绝对控制，那么聚变反应堆终有一天能够成为巨大的能量来源。不过这项技术还需要数十年的长期发展，才有可能达到我们所期望的那样。

3 秒微传记

克里斯托弗·辛顿爵士

1901 年—1983 年

辛顿爵士主持设计了英国第一座民用核电站——科尔德霍尔核电站。

恩利克·费米

1901 年—1954 年

费米在美国芝加哥建造了第一座核裂变反应堆。金属元素"镄"就是以费米的名字命名的。

平井弥之助

1902 年—1986 年

平井弥之助负责监督日本核电站的设计工作，2011 年，这些核电站经受住了日本大地震的考验。

本文作者

乔治·斯皮塔尔尼克

核能发电所产生的温室气体总量非常少，几乎可以忽略不计。

组织安全

30秒速读

3秒概览

组织安全要求工程师了解保持复杂工厂安全的社会性因素。对可靠性要求更高的组织往往采用人类行为策略来避免灾难性事件的发生。

3分钟拓展阅读

客观地说，灾难比较罕见，通常情况下发生的概率也非常低，麻痹大意、警惕性缺失是预防灾难事件发生的头号大敌。对于那些从事复杂、危险系统工作的工程师来说，时刻保持高度的警惕性是非常有必要的，因为具备了这样的素质和能力，才能预测到那些有可能导致灾难发生的一系列事件。优秀的工程师必须要避免心理上的僵化，因为一旦心理僵化、麻痹大意，就很难从日常工作中发现那些有可能导致灾难发生的潜在隐患。工程师需要听取工厂操作人员、机械设备维护人员的意见，因为这些工作人员始终处于第一线，在日常工作中，他们随时都有可能注意到那些即将发生故障的预警信号。

复杂程度极高的核电站、炼油厂对可靠性的要求是非常高的。因为一旦这些核电站、炼油厂出现问题的话，就有可能会对工作人员、社会大众、自然环境以及涉事企业造成灾难性的后果。保证核电站、炼油厂的安全，不是依赖新技术就可以实现的，灾难调查很少会牵涉最为前沿的技术、知识，重要的是现有技术、知识如何以及为什么没有得到充分的应用。管理体系是反映设计、运行、维护危险设施的最佳方式的程序和标准；至于正式的风险评估，则可以确保我们有能力识别风险，进而能够减小风险所带来的影响。从系统的角度来看待导致灾难发生的因素，要求我们不仅仅要着眼于技术，更加应该着眼于人、着眼于组织环境。工程师往往通过报告"未遂事故"来避免灾难性事故的发生，如果无视这一类看似微不足道的问题，那么它们就有可能引发灾难性后果。当然，作为一名工作人员，工程师的选择肯定会受到组织层面上各种因素的影响，例如，到底是应该由谁向谁来汇报，以及这些"未遂事故"是否会影响到上级主管的关键绩效指标等。工程师有自己的道德、职业操守和专业价值观，这些都能够帮助他们更好地进行实践，特别是当需要通过汇报"未遂事故"来避免有可能发生的灾难性后果时，职业道德操守、专业价值观会促使工程师们做到知无不言、言无不尽。

相关条目

参见

核能, 第 78 页

化工厂安全, 第 82 页

浮式工厂, 第 118 页

3 秒微传记

卡尔·维克

1936 年出生

卡尔·维克是一个著名的组织行为学者, 他在组织安全领域极具影响力。

詹姆斯·瑞森

1938 年出生

瑞森以"瑞士奶酪"模型闻名于世。"瑞士奶酪"模型揭示了这样的一个残酷现实: 即使我们采取了强有力的安全措施, 事故依然会发生。

茱蒂丝·哈克特

1954 年出生

茱蒂丝·哈克特推动了化学工业和加工厂的健康、安全和环境法规的发展。

本文作者

杨·海耶斯

许多对可靠性要求高的组织为有效安全提供了有用的模型。

化工厂安全

30秒速读

3分钟拓展阅读

对于一名化工工程师来说，区分过程安全（即管理工艺流程设备中所需的大量危险材料的安全）、人员安全（即保护工人的个人人身安全）是非常重要的职责。过程安全控制所针对的是那些与大量易燃、易爆、有毒危险品相关的致命危险，如果过程安全控制出现瑕疵，那么有可能会有成千上万的人因此而丧命。1984年的印度博帕尔毒气泄漏事件和1976年意大利塞韦索环境污染事故都造成了非常严重的后果。

化工厂当然要以为股东赚钱为最重要职责。然而对于化工工程师来说，安全、健康以及环保问题同样重要且不容忽视。一旦某个大型化工厂发生事故，那么就有可能导致数以万计的人命丧黄泉，这也是美国化学工程师学会（AIChE）等行业组织会出台各类工程伦理规范的原因。同时也是这些组织要求工程师在为股东考虑利润之前，必须要重视安全问题的原因。如果工厂无法在安全的前提下运行，那么监管机构、政府相关部门可以强行关闭该工厂，这自然会影响到股东的经济利益；然而，我们必须清楚一点，那就是一场恶性安全事故，同样可以毁掉一座工厂，股东的收入、利润同样会因此而受到影响。对于一家化工厂来说，安全问题是重中之重，然而即便如此，化工工程师也不会去追求所谓的"完美安全"，因为他们清楚地知道，安全设备、设施的每一次升级、改造，都会大幅度增加整间工厂的总体运行成本。实际上，法规、条例也都使用"在合理可行的前提下最低（ALARP）""在合理、可行的范围之内（SFAIRP）"之类的行业术语，来定义一间工厂所需要执行的安全标准。如果安全升级所需的成本，与该次升级所获得的效益严重不成比例的话，那么工程师就没有必要设计、实施这样的升级、改造计划。"危害识别（HAZID）""危害分析（HAZAN）"以及"危害和可操作性研究（HAZOP）"等工具，有助于化工工程师详细描述每一种安全风险，并由此设计出本质安全的工艺设备。

3 秒微传记

爱丽丝·汉密尔顿

1869 年—1970 年

美国内科医生，哈佛大学第一位女性教员。爱丽丝·汉密尔顿是美国铅中毒、工业毒理学、职业健康安全领域的权威人士。

特雷沃尔·克莱兹

1922 年—2013 年

克莱兹是一名英国化工工程师，他因为提出了固有安全的相关概念而广受赞誉。克莱茨也是安全设计方法"危害和可操作性研究（HAZOP）"的主要推动者之一。

本文作者

西恩·墨兰

工程师需要预测操作人员、维护人员有可能会犯的错误，只有如此，他们才能设计出真正意义上的安全设备。

塑料与化肥

30秒速读

3秒概览

廉价的合成塑料和化学肥料极大地推动了人类社会的发展，然而，它们也造成了令人无法接受的环境污染。可以肯定的是，在相关政策的鼓励下，化学工程公司完全可以找到能够减少污染的替代产品。

3分钟拓展阅读

相对而言，热塑性聚合物密度小、强度高、价格低廉，通过注塑成型等加工手段，易于被加工成为各种复杂的形状。在大规模农业生产中，矿物肥料依然是必不可少的。客观地说，塑料、化肥的替代产品价格更加昂贵，然而不可否认的是，新产品的确能够减少浪费和（或）污染。政府在环保领域出台的各种相关政策、法规，有可能会增加企业的"外部成本"，进而恶化塑料、化肥企业的运营状况，在这样的背景之下，化工工程师便有了开发成本更低的替代产品的动力。总之，通过出台相关产业政策的方式，政府完全有能力推动化工企业、工程师们开发出能够替代塑料、化肥并且对环境更加友好的新产品。

利用空气中的氮气以及石油、天然气中的氢元素生产氮肥，是化学工程史上的一个伟大成就。1909年，德国化学家弗里茨·哈伯在实验室合成出了氨，这是生产氮肥的主要原料。哈伯与卡尔·博施合作创造出了一种全新的生产工艺流程，目前该生产流程每年能够生产出大约4.5亿吨氨基肥料。氨肥和杀虫剂的问世，将农田的生产力提高了两倍。1907年，化学家列奥·贝克兰德合成了人类历史上第一种工程塑料（酚醛树脂），该种液体在加热时能够凝固在模具当中，后来，这种坚硬的绝缘材料给电气工程行业带来了巨大的改变。如今，绝大多数塑料都是热塑性聚合物，人们在石化工厂内从石油、天然气中提炼出长链小分子材料，随后这些材料可以被注塑加工成为各种形态的终端产品。无论是化肥还是塑料，都会在一定程度上造成环境污染，这使它们成为公众争议的焦点。氮肥溶于水，最终会排入河流污染水体环境；合成塑料的降解速度极为缓慢，它们是海洋污染的源头之一。塑料可以二次加工成型、重复利用，废物、垃圾也可以用于制造生物肥料。只不过，再生塑料的生产成本甚至比合成新材料更加高昂，同时它们的性能却明显低于新材料，因此，重复利用这类材料并不具备任何现实意义；至于用废物制备生物肥料，其生产成本同样高于工业化肥。因此，塑料回收再利用、生产生物肥料这样的行业，必须要得到政府、监管部门在政策、税收、补贴方面的大力支持，才能够真正得到发展。

3 秒微传记

戴安娜·多兰

1948 年出生

戴安娜·多兰是一名美国化学工程师，她也是美国化学工程师学会的第一位女性主席。戴安娜·多兰降低了造纸工业领域内的汞污染水平，此外，她还在工程教育工作中做出了杰出的贡献，并且因为上述两项成就而得到了表彰。

伊萨图·塞茜

1972 年出生

在冈比亚，塞茜被称为"回收女王"，她制定并推动了该国的妇女社区塑料回收计划。

本文作者

西恩·墨兰

对于人类来说，塑料和化肥都是非常了不起的发明，但事实证明，它们都会对环境造成污染。

1868 年 12 月 9 日
弗里茨·哈伯出生于普鲁士的布雷斯劳（现波兰城市弗罗茨瓦夫）。

1874 年 8 月 27 日
卡尔·博施出生于德国城市科隆。

1891 年
哈伯在柏林工业大学技术学院完成了自己的学业，并且取得了博士学位。

1892 年
在苏黎世完成深造之后，哈伯加盟了耶拿大学。

1894 年
哈伯加盟卡尔斯鲁厄大学，在那里他从事染料技术、电化学、催化合成氨方面的研究工作。

1898 年
博施在德国莱比锡大学有机化学专业完成了自己的学业，并且取得了博士学位。

1899 年
博施加盟巴斯夫股份公司，他成为该公司的化学技术专家。

1905 年
哈伯出版了一本关于工业气体反应热力学的书籍，那是一部极具影响力的学术专著。

1906 年
哈伯正式成为了一名教授。

1908 年
应巴斯夫股份公司的聘请，哈伯出任公司一个商业高压合成氨工艺项目的设计负责人。

1909 年
博施对合成氨的商业前景进行了评估。

1914 年
博施监督第一家大型工厂的建设工作。

1915 年
哈伯开始服兵役，他离开了巴斯夫股份公司，并且开始从事毒气生产方面的工作。

1916 年
巴斯夫股份公司将炸药的年产量，从之前的每年 3.6 万吨，提高到 1918 年的 16 万吨。

1925 年
博施被任命为"染料工业利益集团（也即'法本公司'）"的负责人。

1931 年
哈伯、博施与弗里德里希·贝吉乌斯一道获得了诺贝尔化学奖。

1933 年
哈伯离开了德国，前往英国剑桥大学工作。

1934 年 1 月 29 日
哈伯在瑞士城市巴塞尔去世。

1935 年
博施被任命为"染料工业利益集团（也即'法本公司'）"的董事长。

1940 年 4 月 26 日
博施在德国城市海德堡去世。

弗里茨·哈伯与卡尔·博施

一个世纪以前，弗里茨·哈伯和卡尔·博施开发出了一种全新的工业生产方法，该方法能够合成出"氨"。众所周知，氨是氮肥最重要的原料，而我们所在的这颗行星能够为数十亿人供应口粮，氮肥"厥功至伟"。而现在看来，哈伯和博施的经历多舛，辉煌与悲怆并存。

哈伯和博施都出生于实业家庭，值得一提的是，卡尔·博施是罗伯特·博世公司创始人罗伯特·博施的侄子。在那个时代，化学是一种先进的科学技术，而无论是哈伯还是博施，都是在科技类大学完成了自己的学业。到了20世纪初，燃料、硝酸盐、氨等化学物质，在工业、国防领域都发挥着非常关键的作用，当时，英国、法国的工业原料大多来自它们各自遍布全球的殖民地，而德国则完全仰仗化学家们所做出的巨大贡献。

哈伯曾经专门学习过工业化学，因此他率先意识到了合成氨的重要性。在助手罗伯特·勒·罗西诺尔的协助下，哈伯发现在催化剂的帮助下，恰当的温度、压力能够将氮和氢合成为氨。在经过了长达14年的研究之后，哈伯的工作成果终于引起了巴斯夫股份公司的兴趣。当时，博施的身份是巴斯夫股份公司中一名经验丰富的化学工程师，而受到公司的委派，博施负责评估合成氨技术的商业前景。

博施所领导的工作团队，在短短几个月的时间内进行了超过2万次实验，并且最终找到了合成氨反应的最佳催化剂。在那之后，哈伯和博施在一间现代化的工厂里进行了合成氨的生产工作。1914年，第一次世界大战爆发，战争令合成氨的生产工作不得不暂时停歇。由于推动了降低炸药制造成本的研究工作，哈伯获得了军方的支持，当博施努力扩大合成氨的生产规模时，哈伯开始服兵役并且转而从事有毒气体的研发、生产工作。可悲的是，在

哈伯开始自己的新工作之后不久，他的妻子为了抗议毒气武器的使用而自杀身亡。后来，博施和他的工程师团队建成了两间大型工厂，来生产合成氨以及硝酸盐炸药。到了1918年，合成氨的产量已经非常惊人，甚至达到了可以以之为原料来生产化肥的程度，这被后人认为是人类摆脱粮食困扰的一项关键性成就。在第一次世界大战结束之后，博施负责巴斯夫股份公司的商业发展，巴斯夫股份公司与阿克发公司、拜耳公司一道，组成了"染料工业利益集团（也即'法本公司'）"，该公司统治了当时全世界的化学工业。

哈伯出生于一个犹太家庭，不过他信奉基督教，并且始终努力寻求德国社会的认可。尽管哈伯始终支持德国的战争罪行，然而随着希特勒成为这个国家的总理，哈伯也只得被迫辞去了自己在大学里的职务。好在英国剑桥大学的科学家们帮助哈伯离开了德国，然而令人伤感的是，他在前往巴勒斯坦开办一所新学院的途中溘然长逝。在那之后，博施开始直言不讳地批评希特勒的纳粹政策，他也因此而逐渐被架空、解除职务。博施开始酗酒，几年后他也撒手人寰。

一部分人认为，哈伯和博施是德国军工综合体系的缔造者，他们为祖国提供的前沿科学技术使德国将第一次世界大战延续了几年。而另外一些人则对氮肥的生产过程不吝溢美之词，因为如果没有哈伯和博施所做出的伟大贡献，恐怕我们人类很难摆脱饥饿的困扰。实际上，以哈伯-博施过程生产出来的氮肥，每年都能达到4.5亿吨，这一成就，在全世界范围内大幅度提高了农产品的产量。

詹姆斯·特里维廉

电气工程与

电子工程

词汇表

航空电子设备　航空电子设备指的是专门为飞机、航天器设计、制造的电子设备。

基本负荷功率　基本负荷功率指的是为满足动态可变需求而需要的连续 24 小时的发电量。当用电需求从基本负荷水平上升至更高水平时，发电企业就需要提供额外的尖峰负荷功率来满足全社会的用电需求。

二进制数字　二进制数字指的是仅由 1 和 0 组成的字符串来表示的数字，这一类数字并非我们常见的十进制数字。数字计算机的设计者都是运用二进制数字来完成设计工作的。

人工耳蜗　人工耳蜗是一种电子装置，它能够刺激人类的听觉神经，进而对声音做出相应的反应。人工耳蜗能够在一定程度上恢复听障人士的听力，减轻他们的耳聋症状。

复数　复数指的是由两个部分（一个实部，一个虚部）所共同组成的数字。复数能够简单、直接地表示周期信号，它的出现大大降低了电路分析的难度。

调试　找出计算机程序中的设计和编码错误。

需求（电气工程）　需要满足的电力需求，由供电网络中当前连接和打开的所有设备的数量、功率需求来共同决定。

电磁辐射　电磁辐射是电磁波向空中发射或传播形成的辐射。根据频率的不同，电磁辐射有可能以无线电波、微波、红外线、可见光、紫外线、X 射线或者伽马射线等形式出现，所有这些电磁辐射的形式，都能够以光速来进行传播。

滤波器（电子工程）　用于修改信号特性的电子电路或数字计算机程序，被称为滤波器。

荧光材料　荧光材料指的是在经过不可见的紫外线照射之后，能够发光的材料。

跳频　跳频是指无线电发射机和接收机具有同步且快速的频率变化，使它们之间传输的信号很难被截获。跳频设备通常都是由军方来使用的。

燃料电池　燃料电池的本质是一种化学装置，在燃料电池中，气体和液体可以发生化学反应并产生电能。

电网（电气工程）　电网指的是整个电力供应系统，它包括发电站、变压器、开关站以及电力线的相互连接。

集成电路　采用一定的特殊工艺，将一个电路中所需的晶体管、电阻、电容和电感等元件、布线互连，制作在一小块或几小块半导体晶片或者介质基片上，然后封装在一个塑料或陶瓷的绝缘管壳内，成为具有所需电路功能的微型结构，这就是集成电路。

光刻技术　在半导体表面制造晶体管以及其他电路元件的工艺，被称为光刻技术。

微电网　微电网指的是那些被用来连接本地发电企业与电力用户的小型电力用户网络，这一类小型发电企业通常利用可再生能源来发电。微电网可以独立运行，也可以在需要时从主电网获取电力。

摩尔定律　摩尔定律以英特尔联合创始人戈尔登·摩尔的名字来命名。摩尔曾经预测集成电路上的晶体管数量，将以每两年翻一番的速度来增加。后来这个晶体管数量的翻倍时间，被缩短至 18 个月。

光纤　光纤是一种透明度极高的玻璃纤维，通过该种材料，人们可以利用光脉冲来进行远距离数字信号的传输。

心脏起搏器　刺激神经控制心肌的电子装置，被称为心脏起搏器，这类电子装置被应用于刺激患有不规则或者间歇性心跳的病人，以让他们的心脏跳动变得有规律。

抽水蓄能　抽水蓄能指的是一种储能装置。当电能已经供过于求时，人们用多余的电力将水抽到高水位；而当用电量激增时，再将之前抽到高位的水释放出来，并且通过涡轮机将流水的动能转化为电能，以帮助满足峰值电力的需求。

雷达　雷达是利用电磁波探测目标的电子设备。通过发射电磁波并接收回波，可以计算出雷达与目标之间的距离。

可再生能源　可再生能源指的是能够通过自然的力量循环再生，取之不尽、用之不竭的能源。例如风能、太阳能、潮汐能、海浪能、地热能等，都属于可再生能源。

屏蔽　金属外壳可以减少不必要的有害辐射影响。

声呐　声呐指的是利用声波进行导航和测距的系统。回声返回声呐系统所用的时间，可以反映出反射物体与声呐系统之间的距离。

晶体管　晶体管指的是一类有源半导体元器件，该类元器件用小电流去控制较大的电流。根据不同的应用场景，晶体管可以被用作开关或者放大器。

电气工程

30 秒速读

3 分钟拓展阅读

集中式能源网络的发展离不开强有力的社会管理、社会信任以及协作水平。电力供应的可靠性、用户的支付意愿、用电安全性以及环境保护之间的关系始终非常紧张，历来都难以处理。工程师正在探索智能社区规模的微电网等替代方案，他们这么做的目的之一，是管理全社会用电需求波动以及充分利用可再生能源。实际上，管理用户的用电行为已经变得越来越重要了，因为无论何时何地，发电企业都不可能以无限量的供电方式去满足全社会的用电需求，这根本就不具备现实性。

抽象的数学模型和物理学，共同架构出了工程师对电的构想：所谓电，指的是电荷在导体或者相关电磁场中的无形流动。这些概念使电气工程师创建了发电和电力传输系统，在我们需要时，这套系统能够为我们提供光、热和电能；此外，这些概念还使电子工程师创造了无线通信、计算机以及移动电话。存储电能的实用方法是在电池、燃料电池、旋转机械装置、抽水蓄能水库中将机械能与化学能转换为电能，这些存储电能的方法成本都非常高，而且不可避免地会造成一定程度的能量损失。因此，电气工程师最为关心的问题，是通过调整发电、输电总量来满足用电需求。每次打开或关闭节能灯甚至大型电弧炉时，发电机都必须立即提供或多或少的发电量，然后还需要进行无数次的附加调整（大多数调整都是自发进行的），来平衡打开、关闭用电设备所产生的能量流变化。对于人类和动物来说，电具有相当程度的危险性，因此，电气工程师也要关注众多安全隐患、管理自动保护装置，自动保护装置能够在必要的情况下立即切断电源。

相关条目

参见

风能，第 66 页

发电与储能，第 76 页

3 秒微传记

查尔斯·奥古斯丁·库仑

1736 年—1806 年

库仑研究了两个电荷之间的作用力，得出库仑定律，还做了扭秤实验。

汉斯·克里斯蒂安·奥斯特

1777 年—1851 年

奥斯特发现了电磁效应。

乔治·西蒙·欧姆

1789 年—1854 年

欧姆发现了导体中电压与电流的正比关系。

本文作者

詹姆斯·特里维廉

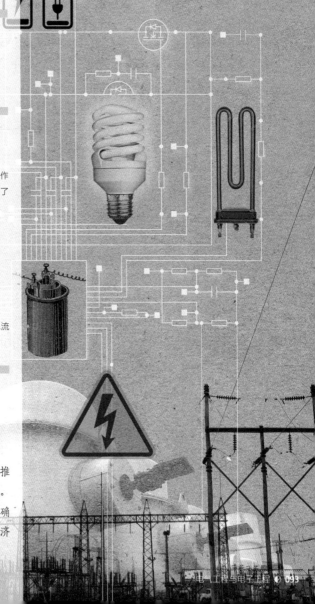

电网的出现，极大地推动了人类社会的发展。当然，工程师必须要确保电网的安全性、经济性以及可靠性。

电子工程

30秒速读

3秒概览

电子工程师创造了电路。在电路中，微小的电子元器件可以传送、转换、放大声音、图像以及其他各种各样的信息，这使许多科学技术成为可能。

3分钟拓展阅读

20世纪初，工程师惊讶地发现，意大利数学家吉罗拉莫·卡尔达诺在数百年前发明的复数，可以用于表示电信号，这一发现成为电路与电网稳定性乃至宽带技术的坚实基础。复数成了电路理论的基石，使分析、研究现代雷达、超声波和滤波电路成为可能。总而言之，复数统一了所有电气工程师和电子工程师的思想。

1904年，电子管成功问世，它的出现，成了电子工程学从无到有的标志性事件。到了20世纪60年代，真空管被固态晶体管所取代，没用多久，集成电路（IC）便让电路变得更快、更精确，同时其复杂程度也变得越来越高。电子管、晶体管和集成电路都属于"有源器件"。众所周知，施加在无源器件（如电阻器或者电灯）上的电压，只会影响通过器件的电流；而施加在有源器件上的电压，则会影响不同电路支路中的电流。后来，考虑到这一类电子元器件的电阻变化特性，出生于中国厦门的美国物理学家沃尔特·布拉顿将它命名为"晶体管（transistor）"，这个名字来自于合成词"trans-resistor"，意为"转换电阻"。电子工程师所做出的巨大贡献，使无线电广播成为现实，这引发了20世纪最大的社会变革。电子工程师帮助工业企业实现了自动化生产，制造出了雷达、声呐、计算机、心脏起搏器以及人工耳蜗，他们甚至还发明了电子乐器。在电子工程师的不懈努力下，人们可以更加完美地复制声音，电视、全球定位系统、手机、互联网也成功地进入了千家万户的日常生活当中。一批又一批先进的电子产品，将手动机械表、胶片相机变成了老古董；而电子工程领域在本世纪所取得的巨大成就，使电动汽车、高性能低价格计算机、无处不在的通信服务给每一个人的生活方式都带来了巨大的改变，正如无线电通信、无线电广播在20世纪所掀起的那些翻天覆地的改变一样。

3 秒微传记

詹姆斯·克拉克·麦克斯韦

1831 年—1879 年

麦克斯韦建立了电磁场理论，并且提出了无线通信背后的概念——电磁波。

威廉·肖克利

1910 年—1989 年

肖克利在贝尔实验室主持了晶体管的研究、开发工作，并且于 1956 年与美国物理学家沃尔特·布拉顿共同获得了诺贝尔物理学奖。

赫迪·拉马尔

1914 年—2000 年

拉马尔参与发明了一种军用跳频无线电，该装置拥有很强的反拦截、抗干扰能力。目前，该项技术被应用于移动互联网领域。

本文作者

乔纳桑·斯科特

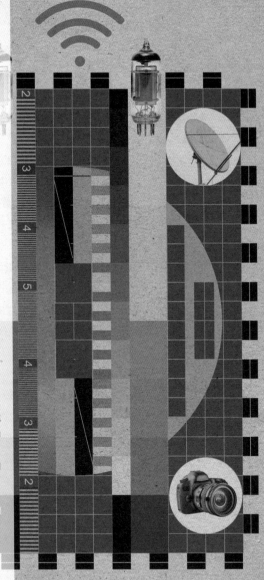

电子设备和计算机的问世，使许多其他领域的高新技术成为可能。

计算机工程

30 秒速读

3 秒概览

计算机工程的快速发展，使得人类能够设计、制造出复杂程度极高的电子电路，并且能够用这些电子电路来处理那些以二进制数字来表达的信息。

3 分钟拓展阅读

尺寸更小的集成电路，意味着成本更低、运算速度更快。但我们不可能无限度地缩小晶体管的尺寸，也不可能无限度地将更多晶体管塞进一个给定容积的空间，这是因为，硅原子的尺寸是确定且无法改变的。目前，计算机工程师正在通过使用精确的光刻技术来改变晶体管的制造方式。使用极紫外光来对电路进行光刻，可以实现 7 纳米的特征尺寸。其他半导体材料，例如硅锗，也可以被用于制造晶体管。现在看来，创新的制造方法，已经成功地超越了晶体管原子原有的物理极限。

在计算机或者手机的内部，你可以找到很多大小不超过 2 厘米（约合 0.75 英寸）的黑色微电路，它们都被安装在电路板上。每一个微电路的内部，都有一个尺寸虽小但密集程度极高的封装电路，我们通常将其称为集成电路（IC）。值得一提的是，在第一台晶体管收音机的电路板上，安装有单个的晶体管，它们被安装在有 3 个金属脚的微小金属罐里。当时，电子工程师就已经意识到了一点，那就是在一块硅材料上，完全有可能制造出数百个晶体管，实际上，在那之后不久，第一个集成电路就成功问世了，每个集成电路内部最多有 10 个晶体管。晶体管能够完美地发挥通 / 断开关的功能，因此电子工程师可以利用该种电子元器件构造复杂的逻辑电路，以对由 1 和 0 组成的字符串（二进制）进行数字加减。集成电路上的晶体管阵列，可以进行快如闪电的二进制计算。作为硅谷最早的集成电路制造商之一，英特尔的名字"Intel"，甚至都是来自于"集成电子（integrated electronics）"一词。计算机工程师用越来越小的电子元器件来设计制造密度更高、运算速度更快的计算机集成电路。可以肯定的是，准确、可靠地复制只有几个原子大小的特征，无疑是一个巨大的挑战。此外，电磁干扰带来的负面影响同样不容忽视，由于电路元件的封装更加紧密，一个元件内部的无线电信号能够轻而易举地对相邻元件形成干扰。要想解决这个问题，就必须开发出附加的屏蔽功能。

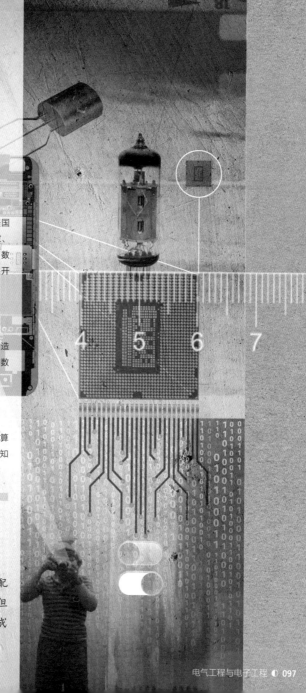

相关条目

参见

电子工程，第 94 页

软件工程，第 98 页

信息与电信，第 104 页

3 秒微传记

约翰·冯·诺伊曼

1903 年—1957 年

诺伊曼是一位匈牙利裔、美国籍的数学家、计算机科学家、物理学家，他的思想促成了数字计算机的实用设计，并且开发了一些软件程序。

康拉德·楚泽

1910 年—1995 年

1941 年，德国工程师楚泽创造出了世界上第一台可编程的数字计算机。

阿兰·图灵

1912 年—1954 年

英国科学家图灵为可编程计算机以及现在已经为世人所熟知的软件程序奠定了逻辑基础。

本文作者

凯特·迪斯尼

一台计算机里通常装配有数十亿个晶体管，但基本上都是从一个集成电路开始制造的。

软件工程

30秒速读

3秒概览

软件工程师创建程序，以使计算机能够执行那些对我们有用的任务。实际上，软件工程师的大部分工作内容，是创建相应的测试系统，以查找出编程过程中出现的错误。

3分钟拓展阅读

软件体系结构指的是系统设计。与现实世界中的建筑类似，软件系统同样拥有许多具有不同特征、不同风格的"结构"，无论是单个程序，还是被称为"组件"或者"服务"的多个单独程序的集合。为特定的需求选择合适、恰当的结构，这要求软件工程师拥有足够丰富的工作经验以及足够强的判断力，因为一旦编程工作正式开始之后，很多因素就很难做出改变了。正确的结构可以让项目后期需要进行的更改、调整变得更加容易实现。

软件工程师的职责是开发、创建、维护软件系统——能让计算机执行有用任务的指令以及数据。从电脑游戏到手术机器人，软件系统多种多样，工程师每次都会遵循相同的开发流程，然而他们所关注的重点，根据确保软件系统内不存在重大缺陷的重要性而有所不同。在设计一款软件程序时，工程师往往从需求开始着手，他们必须要弄清楚，这款软件的用途是什么，它以怎样的一种方式、途径来与人、机器以及其他软件系统进行交互。软件工程师需要设计出必要的测试程序，来验证他们开发的软件能按照预期正常运行；他们也需要构建能够代表软件的计算机模型，以便预测软件程序的性能，或证明其内在逻辑的正确性。接下来，软件工程师就可以用计算机语言来编写程序了，他们必须将客户的要求用计算机能"看懂"的语言"翻译"出来。软件工程师将算法编码到程序当中，这是用于完成常见任务的已知方法，如按照字母顺序对名称列表进行排序等。计算机语言允许程序员编写人类可读的指令，然后计算机将这些指令翻译给运行软件的处理器。绝大多数软件都会设计一个用户界面（UI），用户可以通过该界面与系统进行交互。工程师无比依赖软件工具，这些软件工具可以自动编写大部分程序，最后，他们还需要执行测试以消除软件系统当中的缺陷。

3 秒微传记

阿达·洛芙莱斯

1815 年—1852 年

英国著名诗人拜伦之女，著名的数学家。洛芙莱斯意识到，巴贝奇所开发出的机械计算机（或者说"分析引擎"），具有超出纯粹计算能力的其他应用。在那之后，洛芙莱斯开发出了人类历史上的第一个算法。后来，人们将洛芙莱斯视为计算机程序的创始人。

艾兹格·怀贝·迪科斯彻

1930 年—2002 年

迪科斯彻是一名荷兰计算机科学家，他形式化了很多计算机科学领域中的重要思想，比如说编码器。此外，迪科斯彻还参与发明了结构化编程语言，例如 Pascal 语言。

本文作者

安德鲁·迈克维

虽然设计用来检测缺陷（*bugs*）的测试程序需要较长的时间，但是对于那些高质量的软件程序来说，这个过程非常关键。

1906 年 12 月 9 日
出生于美国纽约。

1928 年
毕业于美国瓦萨学院物理与数专业。

1931 年
开始在美国瓦萨学院讲授数学、科学课程。

1934 年
在美国耶鲁大学获得数学博士学位，毕业之后继续在瓦萨学院任教。

1943 年
加入美国海军预备役部队。

1944 年
被分配到美国哈佛大学的"马克1 号（Mark I，美国第一部大型电磁式自动计算机）"工作团队。

1949 年
加入埃克特-莫契利计算机公司。

1952 年
主持、领导了"链接加载程序"A-0 的研究、开发工作，霍珀本人将其称为"编译器"。链接加载程序能够自动将标准程序组件（子程序）组合成一个工作程序。

1954 年
成为程序开发总监。

1959 年—1966 年
为 COBOL 开发专家小组提供咨询。

1966 年
从美国海军预备役部队退役。

1967 年
被美国海军召回，并且领导一个团队来开发验证程序。

1973 年
晋升为海军上校。

1983 年
晋升为海军准将。

1985 年
晋升为海军少将。

1986 年
从美国海军退休，成为美国数字设备公司（Digital Equipment Corporation，简称 DEC）的高级顾问。

1990 年
从美国数字设备公司退休。

1992 年 1 月 1 日
去世，其遗体被安葬于阿灵顿国家公墓。

格雷斯·布鲁斯特·霍珀

银行账户中资金的安全，集中体现了无数工程师的工作成果，也从一个侧面证明了格雷斯·霍珀的伟大，这是因为，这位美国女性科学家坚持认为，计算机可以使用类似人类语言的文字来进行编程。COBOL 是一种编程语言，从 20 世纪 60 年代至今，该种程序语言一直在被软件工程师所使用，而霍珀给该种计算机语言的发展带来了极为深远的影响。

儿时的霍珀对机械设备充满了好奇心，她甚至因此而曾经将一个闹钟拆得七零八落。霍珀的母亲非常痴迷于数学，她的这种热爱深深影响了自己的女儿。霍珀在瓦萨学院完成了自己的数学本科学业，并且于 1934 年取得了耶鲁大学的数学博士学位，在那之前、之后，她都任教于自己的母校瓦萨学院。

1941 年，第二次世界大战的硝烟终于笼罩了美国：日军悍然轰炸了太平洋上的珍珠港。霍珀的曾祖父是一名海军上将，她决心重塑先辈的荣光，毅然投笔从戎、加入了美国海军预备役部队。随后，霍珀毕业于马萨诸塞州史密斯学院的"海军女子后备士官学校"，并且晋升为海军上尉。当时，霍珀已经年满 38 岁，她的身体也非常瘦弱，与此同时，其大学教授的身份，也让美国海军高层无论如何也不可能安排她去前线参加真刀真枪的战斗。最终，霍珀被分配到哈佛大学的"马克 1 号"计算机工作团队，任务是使用继电器、机电计数器（直到 20 世纪 70 年代，依然是电话交换机内部的常规零件）来开发机电计算机。

1946 年，霍珀申请加入美国海军，然而军方高层再次拒绝了她的申请。到了 1949 年，霍珀加入了埃克特－莫契利计算机公司，这是一家由开发出世界上第一台电子计算机 ENIAC 的工作团队组建的私营公司。虽然霍珮加入了埃克特－莫契利计算机公司，然而值得关注的是，她依然没有从美国海军预备役部队退役。

霍珀意识到，学习使用编程计算机的难度是非常大的，这是因为，学习者必须首先掌握电子电路和数学方面的知识，才能将自己的意图完美地转换成以 1 和 0 编写的指令序列。霍珀证明，如果指令由人类语言文字组成，例如 ADD（加）、SUBTRACT（减）、REPEAT（重复）和 INDEX（索引），那么必定会有更多的人可以学会使用编程计算机。此外，将新出现的计算机语言变得标准化也同样非常关键。当然，将计算机语言标准化是非常复杂的，这需要相当强的协调、平衡能力，以便能够在人类诉求与商业利益之间找到一个完美的结合点。

在 1959 年至 1966 年之间，霍珀向美国工业界、政府的专家们提出建议，她希望各方能够合作开发出标准的、以业务为导向的数据化处理语言 COBOL。到了 20 世纪 90 年代，有大约八成的计算机程序都在使用 COBOL 语言。1966 年，霍珀第三次申请加入美国海军，然而军方高层再一次以年龄原因予以拒绝，万般无奈之下她只能选择退役。不过在短短一年之后，霍珀便被美国海军重新召回，随后她率领一个研发团队来开发验证程序，以确保 COBOL 语言在不同计算机、不同操作系统上能够提供相同的结果。令人惊讶的是，最初美国海军只希望霍珀为他们短期工作六个月，然而，最终她的任期却持续了长达 20 年之久。

霍珀的伟大思想，被随后出现的每一种编程语言所采纳，这一事实足以证明她的伟大。霍珀是计算机的热情倡导者，同时她还是一名美国海军的忠诚战士：每一年她都要进行数百次公开演讲，这种情况一直持续到 1992 年：那一年的元旦，霍珀与世长辞。

詹姆斯·特里维廉

纳米技术

30 秒速读

纳米技术工程师的工作对象,是从纳米级到微米级的结构。要知道,人类头发的直径大约为 90 微米(9 万纳米),因此这样看来,纳米技术工程师工作对象的尺度的确非常小。在纳米级尺度上,静电力比我们人类所能感受到的其他类型的力(比如说重力)要强得多。纳米技术的应用范围非常广泛,癌症诊断是其中比较重要的一个。之前,医疗工作者往往都是通过活体组织检查,或者是成本高昂的成像扫描仪,来判断某个病患是否真的已经罹患癌症。不过最新的科研成果证明,一部分癌细胞会脱离肿瘤组织、进入到人体的血液循环系统当中,这一类癌细胞的表面会因此而形成负电荷。工程师用磁性氧化铁制备了带有正电荷的荧光纳米粒子,其尺度与大分子(50~100 纳米)相仿,但是比癌细胞(20~30 微米)要小得多。这些人造荧光纳米粒子,能够以静电吸引的方式,将自己吸附在血液中的癌细胞附近,尔后磁性氧化铁可以分离肿瘤细胞,这样一来,癌细胞便成了纳米尺度的微粒,从而可以在紫外光的照射下发光。以这样一种方式,医疗工作者就可以判断某个病患是否已经患有癌症。工程师也在运用纳米技术来制造具有特殊性能的新材料,例如纳米颗粒的薄层,可以保护人们免受有害辐射的伤害,从而降低我们罹患皮肤癌的可能性。通过将集成电路制造方法与电化学腐蚀相结合,工程师就能够以较低的成本,为汽车工业大规模生产加速度仪、惯性传感器等微型传感器。

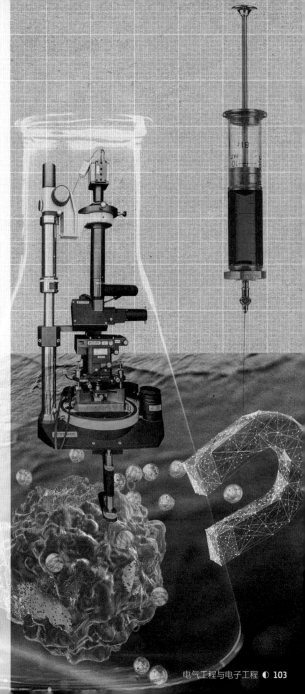

3 秒微传记

尼尔斯·玻尔

1885 年—1962 年

玻尔提出了自己对于原子和分子结构的基本理解。

马克斯·诺尔

1897 年—1969 年

诺尔向世人证明，扫描电子束可以在真空中产生被扫描样品的图像。

曼弗雷德·冯·阿德内

1907 年—1997 年

阿德内是一名德国科学家、应用物理学家、发明家。阿德内一生发明了很多东西，其中就包括高倍电子显微镜。

本文作者

时东陆

纳米粒子可以被用来检测血液循环中的肿瘤细胞。

信息与电信

30秒速读

3秒概览

信息和通信技术工程师所创造的系统，使得信息能够在极短的时间内被存储、传输到任何一个地方。此外，信息和通信技术工程师通过运用特殊的技术，还能够尽可能地降低信息存储、传输所需的成本。

3分钟拓展阅读

目前，互联网已经收集、存储了大量的数据，其所拥有的数据量每天都在以极为惊人的速度增加，它已经成了一个横跨电子邮件、电子图书馆、电子学习、电子社区、电子商务、电子家庭、电子医院、电子银行、电子制造等多个领域的综合型服务平台。大数据指的是一种特殊的高新技术，该项技术涉及搜索、索引以及对数据进行分析、分类，目的是让人们能够更加轻松地利用数据信息。对于工程师来说，数据收集成了他们一道关键的道德考验，这是因为，所有人都有可能在各种场景下被各种电子设备记录、存储个人的相关数据，更加要命的是，他们中的绝大多数，都对这一情况懵懂无知。

信息和通信技术（ICT）使信息的快速处理、交流以及可靠的存储成了可能。在过去数十年的时间里，通信工程师通过光纤、海底电缆以及无线电通信链路，建立起了连接计算机、移动电话、卫星、传感器以及控制器等各种类型终端设备的信息网络。信息和通信技术工程师的职责，是确保信息以合理的成本、必要的质量在信息网络中得以传输。来自自然界、人类社会的信息，最初的表现形式为数据、文本、声音、图像等；现在，这些信息都被转换成了数字的形式，以便由计算机存储和处理。根据奈奎斯特－香农采样定理，工程师可以保证信息在转换形式的过程中不会被丢失。全球信息网络是互联网，它连接着全世界数十亿的终端用户；至于传输控制协议和互联网协议（TCP/IP），控制着计算机相互发送信息并且确认已收到对方所发送信息的方式。此外，数字信号处理（DSP）技术的出现，使得通信工程师能够增强、保护、加密或者压缩信息。举例来说，声学工程师可以过滤某些声音，以便消除不需要的背景噪声（底噪）。

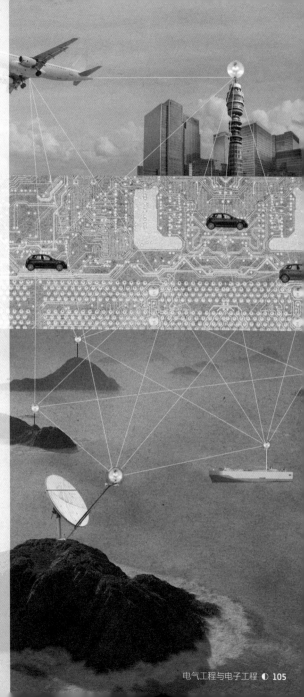

相关条目

参见

计算机工程，第 96 页

软件工程，第 98 页

信号处理，第 106 页

3 秒微传记

亚历山大·格拉汉姆·贝尔

1847 年—1922 年

贝尔是电话的发明者，同时他还是规模庞大的美国贝尔电话公司的创始人，该公司是美国电话电报公司的前身。

古列尔莫·马可尼

1874 年—1937 年

1896 年，马可尼在大西洋上进行了远距离无线电的传输，成为无线通信领域兴起的起点。

陈左宁

1957 年出生

陈左宁主持了中国超级计算机的研究开发工作，该计算机是全世界速度最快的超级计算机。

本文作者

龚克

信息和通信技术已经对全世界产生了极为深远的影响，因此很多人都将我们所处的这个时代称为信息时代。

信号处理

30秒速读

通过分析来自摄像机、雷达所采集到的数据，无人驾驶汽车能够计算出自己所处的位置，并且能够监控附近的汽车、行人、自行车以及其他潜在的障碍物。在每一秒钟的时间里，计算机能够25次分析千兆字节的图像和雷达反射信号，进而从中提取出1000字节的有用信息。降噪耳机中安装的微型计算机，可以抑制环境噪声，这一功能令耳机使用者可以在嘈杂的飞机机舱、工厂、办公室里欣赏高品质的音乐。实际上，助听器使用的也是类似的方法来对声音信号进行增强处理。利用信号处理，摄像机将来自图像传感器的大量数据转换为压缩的图像或者视频，进而通过互联网的传播，为社会大众提供一种低成本的电影、娱乐分享模式。电视则通过信号处理来改善压缩图像的质量，以使广大用户能够在相对低价的显示屏幕上获得尽可能好的视觉效果。很多有价值的信号数据"藏身"于千兆字节的海量数据当中，它们与很多无关的干扰信号、其他信息混杂在一起。为了将这些有价值的信号数据挖掘出来，工程师必须建立相应的数学模型，尔后构建过滤方法，以便有效地将有价值的信号数据与其他无关数据彻底分离。通常情况下，工程师都是使用能够自动设计算法的软件来完成这一类型的工作。

相关条目

参见

电子工程，第 94 页

计算机工程，第 96 页

信息与电信，第 104 页

3 秒微传记

哈里·西奥多·奈奎斯特

1889 年—1976 年

奈奎斯特确定了判断反馈系统稳定性的奈奎斯特判据，这一判据为香农所提出的信息论奠定了基础。

弗拉基米尔·科特尔尼科夫

1908 年—2005 年

科特尔尼科夫发现了奈奎斯特－香农采样定理。

克劳德·埃尔伍德·香农

1916 年—2001 年

香农致力于信息论、数字电路设计理论以及密码分析领域的研究。

本文作者

詹姆斯·特里维廉

绝大多数电子声音、视频和图像，都依赖微型计算机完成信号处理工作。

生物医学工程

30 秒速读

20 世纪 50 年代，科学家将工程学解决方案引入医学、生物学领域，从而开创了"生物医学工程"这样一个跨学科的门类。目前，生物医学工程是发展速度最快的科学研究领域之一。物理学领域所取得的一系列突破性成果，都让医学领域发生了革命性的变化。举例来说，1851 年赫尔曼·冯·亥姆霍兹的检眼镜，1895 年伦琴的 X 射线图像，1903 年威廉·艾因特霍芬的心电图以及 1931 年鲁斯卡的电子显微镜……这些物理学领域的发明创造，都对医学的发展产生了极为深远的影响。在现代人看来，医生在医院里使用各种机器设备对患者进行诊断、治疗，这是一件再普通、再正常不过的事情了。然而实际上，这些安全、价格相对低廉的机器设备的出现，离不开无数工程师所做的巨大努力：只有将生物学、医学、电子、光学、机械工程等各个领域的前沿技术结合在一起，工程师才能制造出这些非常重要的医疗器械。某些轻质、高度耐腐蚀的新型材料（比如说钛）的出现，让工程师能够设计、制造出更加精细、更加耐用、更加舒适的假肢。20 世纪 70 年代，工程师运用计算机断层扫描技术拓展了 X 射线成像技术，并且开发出了超声波成像技术以及核磁共振扫描仪。电子设备的小型化趋势，让更多的听障人士使用上了人工耳蜗，该设备至少能够在一定程度上恢复他们的听觉。随着新材料、纳米技术以及 3D 打印技术的蓬勃发展，科研人员正在研究全新的方法，以便修复诸如软骨、骨骼、肝脏、肾脏、骨骼肌、血管甚至是神经系统等人体组织、器官。

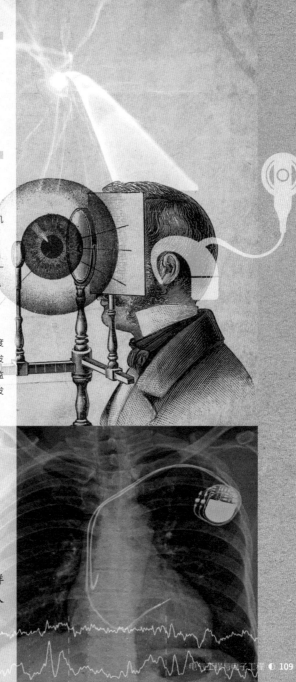

3 秒微传记

威廉·康拉德·伦琴

1845 年—1923 年

伦琴是一名德国物理学家，机械工程师，他发现了 X 射线，并且开创性地用 X 射线来成像，该项成就使得医疗工作者第一次看到了活体内部的实际情况。

威廉·艾因特霍芬

1889 年—1976 年

艾因特霍芬是一名出生于印度尼西亚的荷兰生理学家，他发明了心电图，该设备被用来监控、测量心脏跳动过程中所发出的极其微弱的电信号。

本文作者

阮元

在生物医学工程领域，工程师研发了各种各样的仪器设备、人体植入物以及组织修复方法。

航空航天工程与运输工程 ◑

词汇表

空气动力学 空气动力学是力学的一个分支，研究飞行器或者其他物体，在与空气或者其他气体做相对运动情况下的受力特性、气体的流动规律，以及做相对运动时所发生的物理化学变化。

副翼 飞机机翼翼梢后缘外侧尺寸较小、可移动的翼面，被称为副翼。副翼可以调节飞机的倾侧角，以使其稳定地改变方向。副翼并不是飞机的专属品，某些船舶上也安装有副翼，也即水平稳定器，它们从船体突出，以稳定船舶、减小由波浪引起的横摇运动的幅度。

合金 为了提高金属材料的性能，将金属与其他金属或非金属元素熔合形成的物质就是合金。当与锌、镁、铜以及其他元素合金化后，自身质地比较柔软的铝材也能变得像钢铁一样坚硬。

轴承 轴承是一类机械零部件，它能够让另外一个部件以最小的摩擦力旋转或者滑动。一般分为滚动轴承和滑动轴承。

碳纤维 碳纤维指的是由碳元素组成的强度极高的纤维材料，它通常被应用于增强聚合物材料的性能，以生产非常坚硬、高强度的飞行器零部件。

陶瓷 陶瓷是一种无机非金属材料，大多质地坚硬、易碎。陶瓷通常被应用于高温或者是某些要求绝缘性能非常好的环境。

复合材料 由两种或者两种以上具有互补性质的不同材料所组成的材料，被称为复合材料。例如碳纤维增强聚合物材料便是一种复合材料。

蠕变 固体材料在保持应力不变的条件下，应变随时间增加而增加的现象，被称为蠕变。特别是在飞行器发动机的高温工作环境下，金属合金极有可能会发生蠕变现象。

枕木 用于支撑铁轨的木质、钢质或者混凝土结构，被称为枕木。

脱层 在复合材料内部，起增强作用的纤维与周围基材发生分离的现象，被称为脱层。

流体阻力 物体相对于流体运动所受的逆物体运动方向，或沿来流速度方向的流体动力的分力，即为流体阻力。

升降舵 升降舵是位于飞机水平尾翼表面，体积较小且可操纵的结构。升降舵能够产生可变的升力，飞行员可以通过它根据气流的角度来调整飞机的飞行姿态，从而可以控制机翼产生的升力。

疲劳　在承受反复、循环载荷之后，金属零部件（如飞机机翼）会逐渐失效，这种现象被称为疲劳。工程师必须考虑设计出较低最大应力的方案，以避免这些零部件疲劳失效。

梯度　梯度也即斜率，表示在给定距离上的高度变化。

机器学习　机器学习指的是一种计算机程序，软件工程师设计这一类程序的目的，是通过积累的以前的行为和性能的数据来改进其行为。

磁悬浮　利用磁力来支撑的系统结构，被称为磁悬浮，这一类结构通常需要有源电子控制装置才能实现稳定的运行。

模型　模型的本质是一组数学方程，通常体现在计算机程序或者电子表格当中。工程师用模型来预测工程系统的行为。除了数学模型之外，科研人员也会使用物理模型，通常情况下，物理模型是需要研究的实际系统的等比例缩放。

可靠性　机械、设备在无故障状态下正常工作的能力，被称为可靠性。通常情况下，可靠性以平均无故障时间（MTBF）来衡量。

方向舵　方向舵是安装在船舶或飞行器尾部的装置，该装置的体积比较小，常规形态为一个可移动的垂直平面。方向舵的作用是帮助船舶或者飞行器在运动的过程中改变方向。

（液体）晃动　在移动储存液体的巨大罐体的过程中，罐体内部的液体会发生大幅度的波动，这种波动会形成强大的冲击力，甚至有可能会导致车辆或者船舶失去稳定性。

吸力桩　吸力桩通常指的是地基或者锚点，它由顶部加盖的大钢管组成。通过抽水，工程人员就可以将吸力桩打入海床或者是河床。

推力　飞机发动机、火箭发动机、船舶用螺旋桨产生的前进动力，被称为推力。

湍流　具有涡流的不稳定流体流被称为湍流。湍流中充斥着快速、小型的随机变化，这是高速流体流的典型特征。

高架桥　使道路、铁路能够穿过河流、不平坦地面的长距离桥，被称为高架桥。

铁路工程

30秒速读

通常情况下，工程师的工作重心都在改进现有技术上。与公路运输相比，铁路运输能够以更低的能源消耗完成相同的运送任务，特别是在长途运输重型货物以及人员时，铁路运输在速度、安全性方面都拥有公路运输难以企及的优势。在某种程度上，轨道的设计决定了火车车轮所受到的滚动摩擦力，因此，轨道设计会影响到机车运行所需要的牵引力。除了与轨道设计直接相关之外，车轮所受到的滚动摩擦力还与火车所经过山脉、山谷的上坡坡度成正比；而在通过弯道时，滚动摩擦力也会有所增加。工程师可以通过重新调整火车轨道来改善铁路的状况，具体来说：桥梁（特别是高架桥）可以让火车轨道始终架设在一个相对平坦的平面上，这样一来，火车就不需要在山谷中上下盘旋；隧道的出现，则大幅度减少了火车因翻山越岭而产生的毫无必要的路程；此外，弧度更大的弯道，也会降低火车车轮所受到的滚动摩擦力。包括高架桥、隧道在内的铁路改进措施，工程造价普遍都非常高昂，同时施工难度也都非常大，然而在经过合理的调整之后，即便是一辆较小的火车头，也完全能够以更快的速度来拖动较重的列车，因为它的行驶路线更加平直。火车头以及各节车厢上所用到的低摩擦轴承，也可以降低整个系统的滚动摩擦力；与此同时，以混凝土来制造铁轨下方的枕木，甚至是直接用钢筋混凝土来支撑铁轨，这些方案都能够在一定程度上降低滚动摩擦力。日本、法国、德国以及中国的高速铁路客运网络，已经充分证明了前述各种改造方案的巨大现实意义。与其继续使用老旧的铁路路线，还不如建造全新的铁路线，通常情况下，做出这一决定的最重要理由，是为了将滚动摩擦力降低到最低程度。如今，各国的高速铁路网络，已经能够以与飞机相媲美的速度，来运送乘客和货物了。

相关条目
参见
土木工程，第 32 页
岩土工程，第 38 页
机械工程，第 54 页

3 秒微传记
乔治·斯蒂芬逊
1781 年—1848 年
英国土木工程师、机械工程师，他被后人视为"铁路之父"。乔治·斯蒂芬逊在英国建成了第一条城际客运铁路。

罗伯特·斯蒂芬逊
1803 年—1859 年
英国土木工程师、铁路工程师，他是乔治·斯蒂芬逊的儿子。罗伯特·斯蒂芬逊是机车设计、铁路桥梁建设的先驱。

本文作者
约翰·布雷克

铁路应该设计得尽可能平直，因为这样的设计，能够让火车以最小的能量消耗来实现更快的速度。

1972 年
出生于中国吉林省。

1991 年
考入上海铁道大学（现同济大学）。

1995 年
毕业于上海铁道大学（现同济大学）电力传动与控制系统工程专业，进入中车青岛四方机车车辆股份有限公司工作。

2006 年
被任命为 300 千米 / 小时列车的项目主任设计师。

2008 年
被任命为中国铁路高速列车组 CRH380A 的项目主任设计师。

2010 年
CRH380A 原型样车跑出了 486.1 千米 / 小时的世界铁路运营试验最高速度。

2012 年
被任命为中国中车青岛四方机车车辆股份有限公司的副总经理兼总工程师。

2013 年
开始主持 CR400AF 列车的设计工作，特别专注于电动机驱动系统的优化；此外，能源效率、安全性能以及噪声控制，同样也是该项设计工作的重要攻关目标。

2015 年
主持开发 CRH2G 型高寒动车组的设计工作，该型列车组适合在低温环境以及沙漠地区运行。

2017 年
CR400AF 高速列车投入商业运营。

梁建英

中国吉林省是一个矿产资源异常丰富的东北部省份，1972年，梁建英就出生在该省一个小镇的火车站附近。自儿时起，梁建英就喜欢目不转睛地看着来往经过的火车，从那个时候开始，她就非常崇拜火车的设计、制造者。1991年，梁建英考入了上海铁道大学（后与著名的同济大学合并），次年寒假，她乘坐火车从上海返回吉林老家过春节。现在看来，那次略显痛苦的经历，狠狠地考验了梁建英对于火车的热爱：当时，这个中国女孩儿经过了50个小时的痛苦折磨，方才抵达了目的地。在中国的春运期间，火车车厢内总是挤满了乘客，很多人甚至躺在过道上，更加糟糕的是，梁建英还要经受晕车的折磨……也正是那次难忘的经历，让梁建英下定决心，她要尽自己最大的努力，让广大中国老百姓摆脱春节前后长途旅行的梦魇。1995年，梁建英毕业于上海铁道大学，随后她进入中车青岛四方机车车辆股份有限公司工作，那是中国领先的火车制造企业。

2004年，中车青岛四方机车车辆股份有限公司的设计团队，在充分理解、消化了国外先进技术的基础上，成功研发出了中国首列速度为200千米/小时的高速列车。两年之后的2006年，梁建英成了时速300千米高速列车组的项目主任设计师。现在看来，坚定的信念帮助梁建英度过了艰苦的工作时光，作为一个女人、一个母亲，她经常要在女儿入睡之后才能回家，第二天一早孩子还未睡醒，就又早早前往工作岗位。总而言之，用"披星戴月"来描述梁建英当时的工作状态，丝毫不为过。在那个历史阶段，中国高速铁路的设计工作依然不得不立足于从其他国家引进先进技术，然而梁建英及其工作团队，却下定决

心要实现该领域的"中国创造"。

到了2008年，梁建英主持研发了中国铁路高速列车CRH380A，2010年12月3日中午11时28分，CRH380A高速列车创造了486.1千米/小时的世界铁路运营试验最高速度。基于研发CRH380A过程中积累的经验、数据，梁建英开始主持研发速度更快的CR400AF型高速列车，她的目标，是向全世界输出中国自己拥有全部知识产权的高铁技术。梁建英和她的研发团队，以350千米/小时的连续运行速度，对CR400AF型高速列车进行了长期测试，2016年7月15日，标准动车组成功实现了时速420千米两车交会及重联运行的目标，那也是世界上首次实现拟运营高铁动车组列车时速420千米交会和重联运行。在经过了60多万千米的试运行之后，CR400AF（也即众所周知的"复兴号"），于2017年正式投入运营。

现如今，梁建英又投入到了磁悬浮技术的攻关，该项技术能够让火车以更快的速度运行，她的下一个目标，是让中国的高速列车能够达到600千米/小时的惊人速度。当被问及迄今为止的最大成就为何时，梁建英提到了CRH380A所创造的世界最快速度纪录，以及在2016年7月15日，标准动车组CR400AF样车和CR400BF样车成功实现的时速420千米两车交会及重联运行。除此之外，梁建英还为自己的工作团队所取得的能源效率感到自豪，在以她为首的一干科研人员的努力之下，搭乘中国高速列车的每位乘客，每百千米的耗电量不到4千瓦时。

纪志罡、詹姆斯·特里维廉

浮式工厂

有了浮式工厂，人们就可以从远离陆地的海洋开采海底的各类资源。风暴、船舶运动以及对安全性的最高要求，给浮式工厂带来了特殊的工程挑战。

3 分钟拓展阅读

对于大型浮式液化天然气工厂来说，安全是最重要的，无论是对于工厂内部的工作人员，还是对于海洋环境、经济运行甚至是企业声誉来说，都是如此。各个国家的大型企业都已经意识到了一点，那就是危害生产经济的安全事故，最终会造成灾难性的后果，这些后果即便是那些跨国财团都无法承受。由于大型浮式液化天然气工厂远离陆地支持，因此从设计、建造到最终的运营，工程技术人员都必须防止火灾或者爆炸的发生；即便是在最为恶劣的情况下（火灾、爆炸已经发生），他们也必须尽最大可能来控制局面。因此，这一类的浮式工厂，从一开始就必须要进行相应的安全设计，即便是在看似并不重要的油漆作业中，也绝对不能够出现任何的瑕疵。

30 秒拓展

随着科学技术的进步和发展，我们已经能够从海底开采到越来越多的矿物、石油和天然气资源。为了更加方便、快捷地对这些资源、能源进行加工，世界各国都在建造大型的海上浮式工厂。在"船舶"上建造炼油厂需要更多的高新技术。壳牌的大型浮式液化天然气（FLNG）普雷鲁德（Prelude）工厂，充分展示出了要想建造这一类型的浮式工厂，需要面临的一系列挑战。具体来说，普雷鲁德工厂的长度接近 500 米，是世界上规模最大的浮式结构之一；该工厂被设计成为能够承受每小时 400 千米的 5 级飓风，它距离最近的陆基支援中心有 500 千米之遥，并且只能在至少运行 25 年之后，才能返回干船坞进行检修。此外，空间的局限性、狂风巨浪造成的不稳定性以及相当于同类型陆地工厂四分之一的占地面积，同样也给工程师带来了很多挑战，因此，他们必须科学合理地设计整个工厂，才能使该工厂安全可靠地运行。开采出来的液化气储存在体型巨大的绝缘罐体当中，这一类罐体必须经过特殊的设计，以便于抑制罐体内部的液体晃动，否则的话，这种剧烈晃动必然会破坏容器的稳定性。即便是在波涛汹涌的大海上，经过特殊设计的铰接臂，依然能够安全、平稳地将零下160 摄氏度的液化天然气卸载到油轮上。总而言之，壳牌的大型浮式液化天然气工厂是由来自全球各地的数千名工程师的通力合作完成的，其每一个零部件，都是按照世界最高质量和可靠性标准设计、制造而成的。普雷鲁德浮式工厂最终在韩国巨济岛完成总装。

3 秒微传记

郑和

1371 年—1433 年

郑和是中国明朝的一名宦官，同时他也是人类长距离航海的先驱。在印度洋沿岸的多个重要的港口，郑和都建立了贸易基地。

伊桑巴德·金德姆·布鲁内尔

1806 年—1859 年

布鲁内尔推动了大型金属蒸汽船、铁路以及大型桥梁的发展。

罗伯特·毕

1937 年出生

毕调查海上重大灾难，并且指导设计了更加安全的浮式结构。

本文作者

詹姆斯·特里维廉

大型浮式工厂的出现，使得人类能够从海洋里开采加工石油、天然气、各类矿产资源甚至是食物。

空气动力学基础

30 秒速读

3 秒概览

空气动力学原理能够帮助工程师设计飞机、汽车、船舶以及火车，并且帮助他们预测气流、进行受力分析。实际上，空气动力学原理还能帮助我们了解鸟类、昆虫飞行的秘密。

3 分钟拓展阅读

飞机之所以能够翱翔于蓝天，是因为空气在飞机弯曲的机翼表面上方、下方流过时，气流流速的差异能够产生向上的升力。具体来说，空气从机翼上方流过的流速，要大于从机翼下方流过的流速，这样一来，机翼上方的压力就会小于机翼下方的压力，向上的升力由此产生。至于向前飞行的动力，则是由发动机产生的。飞机要想平稳地飞行，就必须保持合理、恰当的相对于气流的方向。现如今，人类已经开始运用计算机来帮助飞行员控制飞机，以便增加飞行的安全性以及可靠性。

早在 1485 年，意大利科学家、艺术家达·芬奇设想了扑翼机，然而直到 20 世纪初，我们才真正实现了"让比空气更重的机械设备完成持续飞行"这一壮举，即 1903 年，在美国北卡罗来纳州的小鹰镇附近，莱特兄弟首次试飞成功。空气动力学是在流体力学的基础上，随着航空工业和喷气推进技术的发展而成长起来的一个学科门类，它能够完美揭示飞机在蓝天上翱翔的秘密。除了应用在航空领域之外，空气动力学还可以应用于拖车、赛车、水翼艇的设计，它甚至可以指导棒球手来投掷棒球。通过运用空气动力学，工程师可以在流场中计算物体受到的力和力矩，进而分析流体运动的模式。与流场相关的物理量包括速度、压力、密度以及温度等，它们随物体位于流场中的位置和时间而变化，此外，这些物理量还取决于物体形状以及流体黏度等特性。科学家们可以在风洞中观测、研究流场，也可以根据质量、动量、能量守恒定律派生出来的方程对之进行计算。对于飞行器的飞行来说，升力、阻力、推力以及重力是四个最为关键的力，其中升力和阻力都是来自于流场。具体来说，飞机要想飞行，升力必须能够克服飞机自身的重力，而飞机要想快速飞行，发动机所产生的推力必须能够克服空气阻力。此外，升降舵、方向舵也会产生较小的力，它们的作用是稳定飞机的飞行方向，并且使飞机在需要时能够改变方向。

相关条目

参见

机械工程，第 54 页

航空航天材料，第 122 页

来自太空的经验教训，
第 124 页

3 秒微传记

莱昂哈德·欧拉

1707 年—1783 年

欧拉为现代数学、空气动力学
奠定了坚实的基础。

威尔伯·莱特、奥维尔·莱特

1867 年 —1912 年、1871 年 —
1948 年

也即"莱特兄弟"，他们发明、
制造、驾驶了世界上第一架飞
机，并且因此被视为航空领域的
先驱。

安德列·图波列夫

1888 年—1972 年

在斯大林统治苏联时期，图波列
夫曾经被囚禁、严密看守，然而
尽管如此，他依然开发出了 100
多种不同类型的飞机。

本文作者

乔治·卡塔拉诺

工程师可以通过空气动
力学来预测飞行物体的
运动特征。

航空航天材料

30 秒速读

3 秒概览

飞机和航天器需要采用特殊的材料来进行制造，这些特殊材料比普通材料更轻、更硬、强度更高、耐用性更好，抵抗恶劣环境的能力也更强。实验以及计算机的模拟能确保材料的安全性。

3 分钟拓展阅读

碳纤维复合材料是将碳纤维与刚性聚合物的优点集于一身的单一复合材料。在碳纤维复合材料中，碳纤维能够在纤维轴方向上为材料提供极高的强度。为了抵抗来自多个方向的载荷，工程师设计出了分层复合材料，夹在蜂窝状内核周围的复合材料层壳体，能够明显提高复合材料的刚性。复合材料的前沿研究方向包括开发高温聚合物以及多功能复合材料，这些材料的出现，能够淘汰其他传统的低性能材料。

自从 18 世纪热气球问世以来，工程师一直在材料性能极限的边缘上"舞蹈"。现代飞机要求材料在某些极端的温度条件下具有极高的可靠性，具体来说，客机必须在约零下 50 摄氏度的空气温度下正常巡航，而某些发动机在工作时所承受的温度，甚至有可能会超过 1000 摄氏度。涂有陶瓷隔热层的镍基超合金，即便是在高温环境下依然拥有优异的抗蠕变性能，因此，这一类合金材料可以被用于制造飞机发动机的燃烧室以及涡轮机的叶片。任何承受载荷的材料，其表面都会产生肉眼不可见的裂纹，每次载荷达到峰值时，裂纹都会缓慢扩展。当裂纹足够大的时候，涡轮叶片这一类的零部件，就有可能会发生突然的断裂，这是材料因为疲劳而失效所导致的结果。工程师必须确保一点，那就是某个零部件的峰值载荷，必须处于该种材料已知的疲劳极限范围之内，以避免零部件因为疲劳失效而造成恶劣后果。在强度、重量以及刚度方面，碳纤维增强聚合物要优于铝合金，而铝合金要优于钢材。然而，在受到冲击的情况下，复合材料更加容易受到损伤，并且容易发生脱层。因此，一些高强度钛、高强度钢合金虽然较重，但仍然被工程师应用于某些关键零部件的制造。工程师运用计算机来预测飞机、航天器结构的性能，然而只有全面的实验测试，才能保证它们最佳的性能以及耐久性。

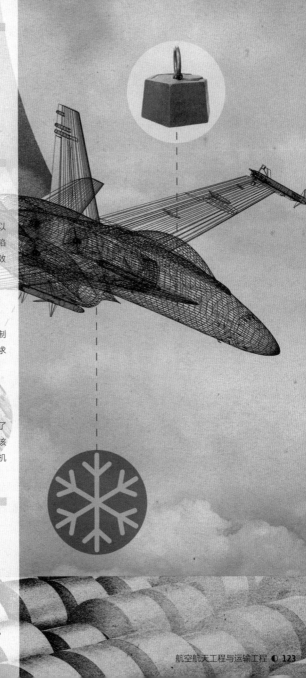

3 秒微传记

詹姆斯·阿尔弗雷德·尤因
1855 年—1935 年
尤因爵士研究了磁性材料，以
及因晶体结构中存在微观缺陷
而导致的相关金属的疲劳失效
问题。

莱昂纳尔德·贝塞默·普菲尔
1898 年—1969 年
普菲尔开发了首批可以满足制
造喷气式发动机涡轮性能要求
的镍合金。

近藤昭男
1926 年—2016 年
日本科学家近藤昭男制造出了
强度足够高的碳纤维材料，该
种复合材料可以用于制造飞机
零部件。

本文作者

马修·L. 史密斯

强度、刚度以及密度，
是材料较为重要的性质。

来自太空的经验教训

30 秒速读

3 秒概览

航天器需要经历极端温度、压力、被撞击风险以及有害辐射等多种考验。从某种程度上来说，工程设计已经或者正在克服这些挑战，以便为科研、商业用途的宇宙探索之旅开辟出一片全新的天地。

3 分钟拓展阅读

现如今，私人企业已经参与到了人类太空探索的伟大事业当中，它们的出现，使得人类探索太空开启了新纪元。这一类私人企业已经具备了设计、制造先进的发动机和发射火箭、航天器的能力。对航天工程最重要的推动力，是人们对于低重复成本、可重复使用、高性能、高可靠性的综合要求。迄今为止，私营企业在宇宙空间探索领域所取得的重大成就，包括火箭的返回、着陆，轨道级火箭的再利用，以及商业航天器首次向国际空间站运送物资等。

一旦飞出地球大气层，航天器瞬间就会暴露于真空环境、极端温度、有害辐射、被小天体或者宇宙空间碎片撞击的各种威胁当中。要想探索宇宙空间，航天器必须穿越地球周围的碎片场。此外，宇宙空间探测器也有可能在其他行星的大气层中遭遇到灰尘甚至是有毒气体。在外太空，各种类型电磁辐射的能量都非常高，无论是对人类还是对电子设备来说，它们都是巨大的威胁。航天器通常会经历超宽范围的温度区间，低温有可能会下降至零下 230 摄氏度，而高温则有可能会上升至零上 200 摄氏度，甚至更高。可以肯定的是，如此极端的温度环境，必将对于航天器的电池、电子设备造成致命的影响，因此，对于航空航天工程师来说，降低宇宙空间中各类极端条件对于飞行器、电子设备的负面影响程度，是一项极为严峻的挑战。为此，工程师开发出了航天器的热模型和结构计算机模型，然后在模拟太空的条件下对原型进行测试和验证。具体来说，振动台和声学室能够模拟发射条件，而真空室则可以测试航天器的耐低压、耐极端温度的能力。电子产品通常都被重新设计了屏蔽层，以抵抗辐射、宇宙射线带给它们的破坏性影响。人类研发制造的航天器已经开启了探索宇宙空间的冒险之旅，并且经历了一系列由极端环境引发的事故。从这些事故当中，科研工作者、工程技术人员已经汲取了一个重要的教训，那就是即便取得了某些阶段性的成功，然而我们依然绝对不能滋生任何自满情绪，因为那些来自于宇宙空间的极端危险只是暂时被克服，它们永远无法被彻底征服。

3 秒微传记

罗伯特·哈钦斯·戈达德

1882 年—1945 年

戈达德被视为是现代液体燃料火箭推进系统的缔造者。

沃纳·冯·布劳恩

1912 年—1977 年

冯·布劳恩曾经先后在德国、美国主持了火箭发射器的研发工作。

玛丽·温斯顿·杰克逊

1921 年—2005 年

玛丽·温斯顿·杰克逊是美国国家航空航天局历史上首位非洲裔工程师。

本文作者

约翰·克鲁普茨萨克

即便是在发射过程中，火箭同样会经历剧烈的振动以及强烈的声波。

无人驾驶汽车

30秒速读

3秒概览

无人驾驶汽车运用软件、车载传感器来了解周围环境，并且制定相应的行驶计划。虽然无人驾驶汽车这一概念并不复杂，但是将其转化为现实却是一个相当大的挑战，它会带来一场深刻的社会变革。

3分钟拓展阅读

迄今为止，商用无人驾驶汽车依然难言完美，这主要是因为，汽车生产厂家必须要在成本方面做出妥协。无人驾驶汽车是由软件和算法来驱动的，因此，在它们发生交通意外事故之后我们汲取到的经验和教训，可以在全行业内以"软件升级"的形式来进行共享。毫无疑问，我们绝对不可能对任何交通事故安之若素，但我们必须要承认一点，那就是每一次交通意外事故（即便是一次未遂事故）所带来的经验和教训，都有助于我们降低再次发生同类事故的概率。人类驾驶员很少以这样的一种方式来分享他们的经验和教训。那么问题来了：这种能力，能够让机器成为最优秀的驾驶员吗？

顾名思义，无人驾驶汽车并不需要人类驾驶员来操作，这一类汽车是由行车计算机、激光雷达、摄像头、GPS等电子元器件来进行控制的。行车计算机必须要解决三个重要的问题：我在哪里？我周围的环境情况如何？我该如何进行下一步操作？软件工程师开发的专业行车软件能够将传感器采集到的数据与自身存储的三维地图进行比对，以这样的一种方式，它能将汽车所在的位置精确到厘米级。通过对车载摄像头、激光雷达所提供的数据进行必要的分析、处理，行车计算机就可以得到周围道路、环境以及动态、静态障碍物的所有相关信息。机器学习和计算机视觉能够帮助计算机将附近的障碍物进行分类。具体来看，从移动方式上来说，汽车与自行车、行人之间存在着巨大的差异，因此，计算机就可以凭借这样的差异，来识别障碍物的具体类型，然后预测未来几秒钟时间内可能发生的情况。而在接下来的几秒钟时间里，行车计算机会制定出一个行驶计划，如此一来，汽车就能够成功地避开障碍物，并且为车上乘客提供平稳、舒适、自然的乘坐体验。除此之外，计算机还可以调整加速器、制动器和操作方向盘。总地来说，无人驾驶汽车上的行车计算机的职责，就是收集传感器所采集到的各类信息，并对之进行分析、处理，进而以每秒多次的连续重复周期来重新计算、制定行驶计划。对于工程师来说，他们必须将计算机科学、机器人学、机器学习、传感技术、优化技术以及数学原理结合在一起，来设计无人驾驶系统。

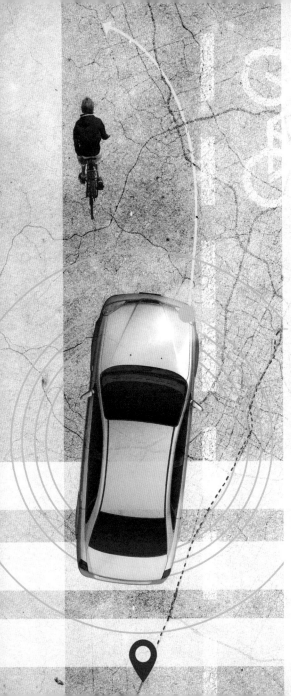

3 秒微传记

亨利·福特

1863 年—1947 年

1913 年，亨利·福特开创了工业流水线的先河；到了 1918 年，福特推出的那辆著名的 T 型车，占到了美国汽车总保有量的一半。

本田宗一郎

1906 年—1991 年

本田宗一郎创立了本田汽车公司，同时他也堪称是日本 20 世纪最为杰出的汽车工程师之一。

鲁道夫·E. 卡尔曼

1930 年—2016 年

卡尔曼为现代导航系统奠定了坚实的基础。

本文作者

保罗·纽曼

无人驾驶汽车注定将会改变人类的生活方式，此外，它也会带来经济、安全方面的改善。

未来设计　◑

词汇表

氧化铝　氧化铝是生产铝过程中的中间产物。铝土矿是最为常见的铝来源，而氧化铝粉末一般在铝土矿附近生产。铝冶炼厂负责生产金属铝，这种类型的生产企业需要大量的低成本电力。

厌氧（化学工程）　厌氧指的是在没有氧气的条件下进行的化学过程，比如细菌，这一类微生物能够在氧气极少甚至是没有氧气的环境中进行繁殖。

自动机械　自动机械指的是具有足够的感应、计算以及通信能力的机械设备，这一类设备可以在无人控制的情况下自行运行。

需求（电气工程）　需要满足的电力需求，它由当前在供电网络中连接、打开的所有设备的数量、功率需求共同决定。

需求管理（电气工程）　当电力需求比较高时，电网控制器可以要求主要电力用户关闭或者降低其电力消耗，作为回报，发电企业降低该用电大户的电价标准。实际上，很多设备都可以在一段时间内降低自身的功耗，而且不会产生明显的不良后果。

二极管（电子）　二极管是一种电子元器件，它们只允许电流朝一个方向流动。

无人机　无人机指的是无人驾驶飞机或者是遥控飞机。通常情况下，无人机的外形都类似于一架小型的直升机。

GPS（全球定位系统）　GPS 是全球定位系统（Global positioning system）的简称。全球定位系统是由卫星和无线电通信组成的系统，在 GPS 接收器的帮助下，我们能够非常精确地定位某个设备在地球上的位置。

绿色化学　能够降低甚至消除有毒、有害物质的化学工艺，被称为绿色化学。

电网（电气工程）　电网指的是整个电力供应系统，它包括发电站、变压器、开关站以及电力线的相互连接。

工业生态学　工业生态学是研究两个或者多个相互依赖行业的交叉学科，这些行业能够以其他行业产生的废物作为原料，避免了将废物直接排放到环境中。

激光雷达　运用激光束来进行探测、测距的电子设备，被称为激光雷达。具体来说，通过三角测距法或者使用计时器，激光雷达可以测算出反射激光束的物体与激光雷达之间的距离。与此同时，光束的方向还可以用来指示目标的方向。

发光二极管　发光二极管指的是一种特殊的二极管，当电流流经时，二极管能够发出彩色的光。现代发光二极管是一种先进、节能的光源，它有很多用途，其中包括制造汽车前照大灯以及用于某些医疗设备。与早期光源不同的是，发光二极管光源在发光时所释放出来的热量相对比较少，因此，其工作温度通常都比较低。

发电厂　发电厂可以用煤、石油、天然气等化石燃料来发电，也可以利用核反应堆或者是太阳能集热器所收集的热量来发电。

雷达　雷达是利用电磁波探测目标的电子设备。发射电磁波并接收回波可以计算出雷达与目标之间的距离。电磁波的方向可以用来确定目标所在的方向。

传感器　监控、检测物理特性，并生成指示测量值信号的装置，被称为传感器。举例来说，热电偶能够测量温度，并且可以生成指示温度的微弱电压。

炉渣　钢铁厂所产生的废物，被称为炉渣。

智能机器　智能机器是一个通用术语，它指的是那些装配有内置传感器且具有一定的信息、通信能力的机器设备。智能机器能够与其他设备、系统进行数据交换，它们甚至能够在不发生人机交互的情况下自主工作。

声呐　声呐指的是利用声波进行导航和测距的系统。回声返回声呐系统所用的时间，可以反映出反射物体与声呐系统之间的距离。声波的方向则可以确定反射物体的大概方向。

无线网络　无线通信技术的发展为笔记本电脑、移动电话等移动设备终端提供的方便、无须接线的互联网服务。

不同的思维

30 秒速读

直到进入 21 世纪,工程师依然在以"地球的资源是无限的"这一前提来进行工程设计,在他们看来,地球上的水资源似乎是取之不尽、用之不竭的,各类废物的恣意排放也是理所当然的。多年以来,各国政府都曾经出台过保护环境、禁止污染排放的政策和法规,然而,每个国家的执行力度都非常弱。现在,这一情形发生了一定程度的改变,因为财务的威慑力量是非常巨大的。现如今,每个大型项目都将面临供水、排水以及其他各种各样严格的限制。而银行的声誉,完全有可能因为其资助项目的违法、违规而受到损害。一旦全世界的媒体报道了某家企业排放出有毒废物的话,那么,银行会毫不犹豫地收回发放给该家企业的贷款。如今,人们完全可以通过网上商店购买到敏感度极高的污染检测仪器,所以泄漏、污染事故往往是被普通民众和社区活跃人士发现的,通过这些人的疾呼奔走,可以关闭整个工程项目。当然,对于从事废物回收、废物利用项目的工程师来说,这是一个好消息。值得一提的是,依靠可再生能源运行生产的炼油厂,不仅不会污染环境,甚至可以让空气、水变得更加清洁,这一类型的企业,能够回收依然具有利用价值的废物,其生产过程非常安静,厂区内部的环境也很干净、整洁,因此,广大民众甚至渴望居住在这一类企业的附近。对环境如此友好的企业,自然能够令更多低成本资金趋之若鹜。即便是在发展中国家,这样的企业也可以从发达国家那里获得资金,以改善废物管理并减少排放。

3 秒微传记

詹姆斯·洛夫洛克

1919 年出生

洛夫洛克提出了著名的盖亚假说，他还设计出了探测其他行星上是否存在生命的方法，并且首次确定了大气中氟氯烃气体（对臭氧层有破坏作用）的积聚。

约翰·格尔

1945 年出生

格尔创立了沃利帕森斯公司，他充分认识到了可持续性对于所有重大工程项目的影响，这其中最为关键的环节，就是供水系统和污水处理系统。

本文作者

詹姆斯·特里维廉

清洁、绿色、可持续发展的工程，代表着工程学的未来。

创新

30秒速读

3秒概览

工程创新能够将工程师极具灵感的创意转化成为真正的问题解决方案。实际上，我们周围的一切都来自于工程创新：从住房到交通，从食品到服装，从能源到供水、卫生，再到计算机、通信、健康等，概莫能外。

3分钟拓展阅读

工程创新推动了人类社会的发展，它促进了社会正义、经济赋权以及政治革命。众所周知，阿拉伯世界那次著名的革命浪潮（"阿拉伯之春"），在很大程度上得益于推特和脸书的推动。创新通过提高生产力来促进经济的发展。低成本的移动电话，有助于创建大型的盈利企业，进而取代高成本、低效率的政府垄断，并且能够给广大民众提供负担得起的全球通信服务，以及最为广泛的互联网接入服务。

创新和发明是工程领域的绝对核心。英语中的"engineer（工程师）"一词，来源于拉丁语单词"ingeniare（策划，设计）"以及"ingenium（聪明）"。大多数发明创造都依赖于工程师、营销专家、制造商以及投资者的通力合作，只有如此，一个创意才有可能最终转化成为一种产品、一项业务，新产品才能够进入到千家万户。工程师先在实验室、工作现场制造出一系列原型样品，然后在测试、客户的评估过程中学习，并逐渐提高产品的性能、树立信心，在产品设计方面也是精益求精。实际上，无论是宇宙飞船、移动应用程序，还是材料、工艺甚至是发动机，它们都遵循着相同的开发流程，完成这个过程往往需要花费数月甚至是数年的时间。任何一个产品，都不太可能仅仅在某个单独的国家内使用，因此，其发明人必须要在销售和应用该产品的每一个主要国家、地区注册专利，因为专利能够为投资者提供25年的产品独家销售权。在长达数十年的时间里，日本工程师中村修二一直在与他的同事们共同研究蓝色发光二极管（LED），现如今，数以十亿计的蓝色发光二极管（与红色、绿色发光二极管关系密切）在全世界的智能手机和电视上发挥着节能照明、彩色显示的作用。这样的创新，使得我们能够以更少的材料、能源以及污染的代价，满足人类对于光和信息的需求，从而为每一个人构建一个可持续发展的世界。

3 秒微传记

查尔斯·F. 凯特林

1876 年—1958 年

凯特林引领了无数汽车行业的创新和发展，如电动机、含铅汽油等。

约翰·奥沙利文

1947 年出生

奥沙利文发明了无线网络（WiFi）技术，该项技术可以为计算机、移动电话提供本地互联网接入服务。

中村修二

1954 年出生

因发明高效蓝色、白色发光二极管，中村修二获得了诺贝尔物理学奖。

本文作者

马琳·坎加

数千年以来，工程创新一直在改变着我们所在的这个世界。

1936 年 1 月 4 日
出生于德国的下卡斯尔（位于北莱茵—威斯特法伦州）。

1961 年
毕业于亚琛工业大学的航空工程专业，在那之后，他加入了德国航空航天中心（Deutsches Zentrum für Luft-und Raumfahrt，简称 DLR）。

1965 年
在美国普林斯顿大学获得控制工程专业的硕士学位。

1969 年
在亚琛工业大学获得博士学位，其论文题目为《从太空返回地球的最佳路线轨迹》。再次加入德国航空航天中心，并且担任代理主管。

1975 年
加入德国慕尼黑联邦国防军大学，以寻求更多的时间来进行科研工作。

1977 年—1982 年
研究飞机、直升机、航天器、地面车辆的计算机视觉导引。

1985 年
在一辆 5 吨的厢式货车上安装历史上第一个视觉导引系统。

1987 年
演示了无人驾驶车在高速公路上的高速行驶。

1987 年—1995 年
成为"尤里卡·普罗米修斯"项目的负责人，该项目也即"欧洲交通最高效率与安全性最大化计划"。

1995 年
在只需偶尔进行人工手动干预的情况下，实现了高速行驶和自动驾驶。

2001 年
完成了第三代视觉导引系统，成功演示了在次级道路上的自动驾驶。从德国慕尼黑联邦国防军大学退休。

恩斯特·迭特尔·迪克曼斯

1936 年，恩斯特·迪克曼斯出生于德国城市科隆附近的一个小镇，他是一名教师的儿子。在第二次世界大战期间，迪克曼斯学会了驾驶拖拉机。从 15 岁那一年开始，迪克曼斯便开始学习微积分，丰富的驾驶经验，使得他将微积分方程视为是运动控制的理想工具，也正是在该门学科的激励下，他又先后涉猎了先进的航空工程、飞行控制领域的知识。实际上，直到其个人科学研究生涯的后期，迪克曼斯才将自己的注意力转向无人驾驶汽车领域。

迪克曼斯最初的爱好是航空航天工程，也正是由于这个原因，他才选择考入亚琛工业大学的航空航天专业，随后又前往美国普林斯顿大学学习控制工程。在从美国返回德国之后，迪克曼斯供职于德国航空航天中心，在那里他先是研究飞行动力学以及轨迹优化，后又将研究方向改为了卫星控制领域。到了 1977 年，迪克曼斯开始研究为汽车上的车载计算机提供视觉导引系统。实际上，早在 1970 年，视觉导引系统就已经出现在了汽车上，然而装配有这种系统的车辆，行驶速度很少超过 1.6 千米 / 小时，因为工程师们始终认为，无人驾驶汽车这一类车辆的行驶，永远都需要通过埋在道路下面的电缆来进行无线电导航。然而到了 1987 年，迪克曼斯和他的工作团队取得了该领域的一次重大突破：在慕尼黑联邦国防军大学，他们制造出了一辆装配有视觉引导系统的全自动 5 吨厢式货车，它的行驶速度能够达到令人惊讶的 100 千米 / 小时。

迪克曼斯的远见卓识，最终成就了那次巨大的突破，在那之前他就一直坚信一点，那就是如果摄像机的视觉导引速度足够快（至少每秒钟 10 次），那么他和他的工作团队就完全有可能将飞机导航和自动驾驶仪中使用的偏微分方程进行改编，并且将之应用于控制汽车。然而，收集图像虽然很简单，但是以如此之快的速度来分析图像是很难实现的。迪克曼斯突发灵感：分析图像中的一个个小窗口，速度就会快得多，而工作团队中的沃尔克·格拉菲成功地将迪克曼斯的这一灵感变成了现实，他们使用了两个摄像头，一个具有更宽的视角，可以监控行驶道路附近的边缘，而另外一个摄像头则拥有更长的焦距，可以测量前方道路的曲率。最终，尤里卡·普罗米修斯项目得以获批，迪克曼斯担任该项目的负责人，那是一个历时七年、预算高达 7.49 亿欧元的庞大项目。

1995 年，迪克曼斯及其工作团队交出了他们的答卷：在一条拥挤的高速公路上，团队开发出的无人驾驶汽车以高达 175 千米 / 小时的速度，行驶了 1500 千米的路程。值得一提的是，这些无人驾驶汽车可以自行变道以超越前车，只有在极少的情况下，它们才需要人类驾驶员进行手动干预。不过，虽然迪克曼斯及其工作团队已经用事实证明了无人驾驶汽车的光明前景，然而计算机科学、人工智能领域的工作人员，依然用了数年的时间才真正承认了他们所取得的伟大成就。

2001 年，迪克曼斯选择退休，当时他和他的团队已经克服了很多困难和挑战。迪克曼斯的诸多理念和想法都已经体现在了当今的驾驶辅助技术系统当中，工程师们已经开始在城市街道上测试无人驾驶汽车的样车，而法律、法规的问题也已经得到了解决，这也就意味着该项技术非常有希望得到广泛的应用。

詹姆斯·特里维廉

能源与金融

30秒速读

3秒概览

移动电话系统使得人们能够以赊购的方式来获得某些商品，例如带有蓄电功能的太阳能电池板。购买商品时，人们可以像购买预付费手机那样按需付费。

3分钟拓展阅读

当前，化石燃料时代正在与我们渐行渐远，一场能源革命正在如火如荼地进行当中，这场革命的基础，是可再生能源和智能储能技术、智能机器的高速发展以及能够更加适应能源供应、价格变化的能源市场。在这个变化过程中，电信系统充当了信托经纪人的角色，它确保金融交易的安全、可靠。曾经金融交易无比依赖脆弱的人际关系，因此，人们只能让银行来充当中介机构。所有这些要素结合在一起，就有可能改变地球上大多数人的生活方式。

20世纪全球工业的高速发展，在很大程度上依赖规模庞大的发电站、遍布整个国家的电网以及各国政府对于能源行业的集中控制。各个主权国家的中央银行的职责之一，就是筹措资金以便建立这些能源基础设施，然后交由工程技术人员、各级官员来共同管理。科学、严谨的制度和法规，确保了每一位公民都要足额缴纳各类税款以及相关费用。然而众所周知的是，我们这颗行星上所拥有的资源毕竟是有限的，因此对于资源的消耗，注定是不可持续的，资源枯竭的阴影始终笼罩着我们；此外，工业发展的副产物——环境污染——同样也在威胁着全球的气候。好在一场金融革命正在将可再生能源以及其他服务带到第三世界国家，即便是在缺乏足够的工程技术人员、官员、管理经验的情况下，这些国家依然能够发展清洁能源。现如今，移动电话已经不再只是一种通信手段了，它还可以被用来验证身份，提供安全可靠的支付服务，甚至不需要银行账户就可以缴纳税费。通过运用所谓的移动金融技术，农民就可以在有必要使用冷库的时候再支付相关的费用，在这个过程当中，他们可以通过农作物的收成来作为信贷的抵押担保物。实际上，在移动金融技术的帮助下，那些缺乏资金的农民能够以租赁的形式来获得带有蓄电功能的太阳能电池板的使用权，这样一来，他们就可以通过出售多余的电能而赚取额外的收入。供应商清楚地知道，他们的客户必须及时付款，才能继续使用这些机械设备，也正是由于这个原因，他们才可以扩大信贷额度。移动金融技术的出现，使得工业流程能在各种可再生能源供应的基础上运行，并且让该项技术的使用者能尽可能便宜地买到能源。

相关条目
参见

发电与储能，第 76 页

信息与电信，第 104 页

不同的思维，第 132 页

3 秒微传记
鲁塞尔·舒梅克尔·奥尔
1898 年—1987 年
奥尔开发出了半导体二极管以及第一代硅太阳能电池，进而推动了晶体管的发展。

约翰·古迪纳夫
1922 年出生
古迪纳夫推动了大容量可充电锂电池的发展，并且因此而获得了 2019 年的诺贝尔化学奖。

穆罕默德·易卜拉欣
1946 年出生
穆罕默德·易卜拉欣推动了非洲移动电话网络的建设，以及电信行业在该洲的快速发展。

本文作者
詹姆斯·特里维廉

移动通信的出现，使那些小商人也能够进入全球市场。

资源稀缺

30秒速读

3秒概览

在未来，人们将更多地从废物中回收、提取有价值的材料，同时逐渐减少开采那些日益稀缺的自然资源，这主要是因为，与后者相比，前者更加有利可图。随着废物成分的不断改变，工程师需要开发出适应性更强的转化过程。

3分钟拓展阅读

微型工厂必须能够适应不断变化的废物成分。举例来说，即便是一个专门处理电子垃圾的微型工厂，它今天面对的是大量的笔记本电脑，而明天则有可能面对的是大量的硬盘驱动器，因此，微型工厂必须能够适应更多的废物类型。在未来，机器人以及使用大量数据集的扫描设备，将在废物回收领域与仍在学习的人类进行合作。具体来说，扫描设备可以帮助我们识别出需要特殊处理的物品，比如放射性火灾报警部件；而人类则可以更加轻松地对某些结构复杂的废物进行拆卸，而这项工作对于机器人来说几乎是不可能完成的。

地球上不断增长的人口数量，再加上难以避免的原材料浪费，直接将我们推入到了一个资源短缺的时代。根据世界银行的预测，到2025年，全球每天产生的废物将超过600万吨，这个数字比2015年足足增长了70%。为了解决很多迫在眉睫的现实问题，人类必须学会将废物视为是一种宝贵的资源。举例来说，从电子废弃物中，我们可以提炼、回收金属铜，这一回收过程完全是可持续的，更加重要的是，以这样的一种方式回收的金属铜，其纯度要比铜矿石中的铜含量高得多；废弃印刷电路板中的金属铜含量，更是同等重量铜矿石的10至20倍。而且，除了铜以外，电子垃圾中还含有金、银等贵金属，其中的含金量甚至有可能达到天然含金矿石的20倍以上，这一事实，为废物回收、二次利用提供了令人信服的经济理由。传统的废物回收、二次利用，是用玻璃、塑料等非金属废物来制造出更多的同类材质产品；至于其他材质类型的废物，则需要经过特殊的处理过程才有可能被重新利用。目前，工程师正在研究微型工厂，这是一套能够从废物中回收资源的模块化生产设施，它能够将材料转化为最初的成分和结构，甚至能够将它们直接转化为新材料。在未来，人类将在垃圾堆积的地方建造这种微型工厂，以便降低运输成本，同时还能为当地创造更多的就业机会。

3 秒微传记

莫罕达斯·卡拉姆昌德·甘地
（圣雄甘地）

1869 年—1948 年

甘地准确地预测到了人类必将
面对资源短缺的窘境，并且提
倡替代生产方式。

卡尔·希普·马维尔

1894 年—1988 年

马维尔推动了合成橡胶制造工
艺，以及航空航天用耐高温聚
合物的发展。

阿莫里·洛文斯

1947 年出生

洛文斯大力提倡能源和材料的
和谐、友好发展。

本文作者

薇娜·萨哈瓦拉

未来，绝大多数的产品
都将由可重复使用的材
料制造而成。目前，工
程师正在为了实现这一
伟大目标而努力工作。

食品工程

30秒速读

对所有人来说，食品工程都是未来的重要组成部分之一。数据显示，每一年我们这颗星球上出产的食物，有三分之一都被人类浪费掉了；特别是在很多尚未解决国民温饱的问题。欠发达国家和地区，由于食物的储藏、加工、分配方面存在着诸多问题，浪费现象尤为普遍，需要提高教育水平以及改善基础设施，来减少浪费。虽然塑料器皿、包装材料会引发全球性的白色污染问题，但它们能够延长食品的保鲜期，因而能够极大地减少浪费情况的发生。在发展中国家，冷库可以大幅度减少食品的不必要损耗，而适当的包装也可以防止大部分的剩余食品被浪费。多年以来，地球上的人口数量一直在不断增长，如果全球人口数量的增速不再提高的话，那么我们人类完全有能力养活自己。在解决食品问题的过程中，人们必须获得信贷，用于购买必要的食品加工和存储设备，实际上这已经成为食品工程发展的主要障碍。新出现的安全电子支付系统，与支持移动电话的机器设备相连接，使得那些机器设备供应商能够向小企业提供信贷。用户必须通过他们的手机来支付相应的费用，机器设备才能够正常运行。这一类技术的出现，使得农民和农村企业能够以赊购的方式，来买到那些应用于食品加工、储藏的机器设备，而不需要以银行账户或者土地来充当抵押担保物。值得一提的是，新型可生物降解的食品包装材料可以在一定程度上解决塑料包装带来的白色污染问题。

3 秒微传记

布莱恩·唐金

1768 年—1855 年

唐金开创性的生产出了食品罐头产品。

克拉伦斯·弗兰克·白斯埃

1886 年—1956 年

白斯埃发现，鱼类在被快速冷冻之后，其新鲜程度能够被保持，解冻后依然鲜美可口。白斯埃创立了冷冻食品行业。

G. 霍华德·卡夫

1908 年—1983 年

卡夫开创性地将惰性气体（比如说氮气）注入食品包装，以延长奶酪等各类食品的保质期。

本文作者

詹姆斯·特里维廉

食品工程对于人类的未来来说至关重要，其意义丝毫不逊于水工程。

水安全

30秒速读

3秒概览

工程师需要开发出全新的水和卫生技术来实现最近更新的可持续发展目标，从而为全人类提供安全的水以及卫生服务。

3分钟拓展阅读

对人类来说，水无疑是非常重要的，因为在饮用水、食品卫生以及为电力生产、工业过程提供冷却等方面，水都是绝对不可或缺的。水利工程师必须与农民、政府监管机构、能源生产企业、工艺工程师密切合作。节约用水方案需要了解人类的行为，解决如何影响农民、工业用户以及所有其他用水用户，以便让每一个人都能够科学、理智、合理地使用有限的水资源。当然，要想将人类行为方面的某些知识融入工程解决方案当中，这就要求水利工程师必须要与社会学专家密切合作。

水是生命生存的必需品，没有哪一种物质能够替代它。在《2030年可持续发展议程》中，联合国已经正式确定了"为所有人提供水和环境卫生并对其进行可持续管理"的目标。2015年，全球有8.44亿人得不到基本的供水服务，21亿人无法得到经过安全管理的饮用水资源，45亿人缺乏经过安全管理的卫生服务，超过20亿人生活在严重缺水的国家和地区。为了适应气候变化的要求，工程师必须克服更加严峻的挑战，他们需要设计、运营大坝和水库，以及河道、管线、水处理工厂，此外，还需要在宏观层面上规划和管理水资源。基于自然的全新工程解决方案已经应运而生，这一类工程能够改善河流、地下含水层和城市排水系统。在被人类用掉的所有水资源当中，农业灌溉占其中的70%，因此我们必须找到安全、可靠的废水再利用方案，同时还需要全力开发海水淡化技术以及全新的灌溉技术。除此之外，工程师还需要参与到应对洪水、干旱的工作当中去，以减少自然灾害给人类社会造成的经济损失。现如今，将信息技术已经纳入水、卫生系统，工程师为我们提供了令人振奋的新型解决方案。改进的水流量和用水量跟踪系统可以提供整个水资源的安全性，同时提供可靠的服务满足我们的基本用水需求，这对吸引私人投资起到了极大的促进和推动作用。

3 秒微传记

曼努埃尔·洛伦佐·帕尔多

1881 年—1953 年

帕尔多是一名西班牙土木工程师，他是世界上第一个河流流域组织的创始负责人。20 世纪中叶，帕尔多彻底改变了自己的祖国西班牙。

吉奥瓦尼·伦巴第

1926 年—2017 年

伦巴第是一名瑞士土木工程师，他创建了伦巴第公司，该公司以隧道、大坝施工而闻名于世。伦巴第无私地将自己的知识、经验分享给土木工程界的同行，他也因此而备受业内人士的尊敬。

本文作者

托马斯·A. 桑乔

水利工程师们所做出的巨大贡献，对于实现联合国"全人类共享水资源"的目标来说至关重要。

控制污染

30 秒速读

3 秒概览

未来的工业企业，将会把污染物视为一种特殊的资源，一种拥有极高价值且无法被排放到自然环境当中的资源。工程师通常可以采用自然过程，将污染物转化成为有价值的产品。

3 分钟拓展阅读

各国政府制定出的相关制度、法规，财政、税收政策的倾斜，以及各类治理污染激励措施的推出，激励环境工程师开发出更多的污染解决方案，可以创造更多的价值，并获得民众的认可。如果环境工程师能够开发出成本更加低廉、效率更高的环境解决方案，那么治理污染所产生的效益也将大幅度提高，使它变得有利可图，届时，即便没有政府出台的相关优惠政策，行业内的公司、企业也会自觉地采用这些方案治理污染。

从传统意义上来说，工程师可以通过两种方式来控制污染：其一，在找到科学、合理的解决方案之前，截留、储存污染物，以避免它们进入到环境体系；其二，在排放污染物之前，将其对于环境的损害程度降低到可以接受的水平。可以肯定的是，无论是哪一种控制污染方式，其代价、成本都是非常高昂的，而且也需要强有力的政府支持。通常情况下，发展中国家对于污染的治理重视程度不够，也没有完善的法律法规。目前，环境工程师正在全力开发令人兴奋且有利可图的替代方案，例如，清洁程度更高的生产流程和工业生态。具体来说，运用绿色化学理念设计出来的清洁程度更高的生产工艺流程，可以完全避免污染的问题，例如，可以使用细菌将氧化铝精炼过程中产生的草酸盐残留物转化成为碳酸钠，然后碳酸钠可以被转化成为氢氧化钠，该种化合物可以被用在氧化铝的精炼过程当中。总之，一个企业在生产过程中所产生的带有污染的废物，通常情况下都有可能转化为对另一个企业来说有价值的原材料。实际上，啤酒厂、食品加工厂所产生的废物，完全没有必要简单、粗暴地排放到自然水体当中，而是可以被细菌转化成为营养物质丰富的肥料，甚至可以被用来产生能量，这些方案都可以为企业带来额外的收入。工程师已经能够将自然废物处理系统应用于工业体系当中，例如，有植被的人工沼泽就可以成为高效的废物处理工厂。

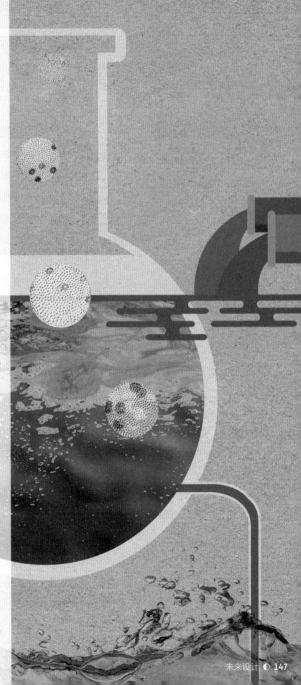

相关条目
参见
环境工程，第 48 页

资源稀缺，第 140 页

3 秒微传记

罗伯特·安德伍德·埃尔斯
1932 年出生
埃尔斯将"工业生态学"这一
概念形式化。

盖泽·莱廷加
1936 年出生
莱廷加推动了高速厌氧工艺的
发展，这一成就激发了当代工
业生态学家的灵感。

唐纳德·霍辛格
1937 年出生
霍辛格推动了生态现代化运动
的发展，他认为，将自然过程
应用于生产过程当中，可以为
人类带来可持续的繁荣。

本文作者
拉伊·库鲁普

今天的污染物将成为明
天的资源，届时，废物能
够变成有价值的原材料。

未来的运输：无人驾驶船舶

30 秒速读

3 秒概览

无人驾驶船舶无须人类船员介入操作，它们使用非常先进的传感器、卫星数据以及计算机来进行导航。当然，无人驾驶船舶依然需要船长在陆地进行监控，以提升安全性和效率。

3 分钟拓展阅读

客观地说，目前无人驾驶船舶的相关技术已经非常成熟，然而在这一类新型船舶在国际水域运行之前，我们还需要对某些现行的法律、法规、制度进行必要的改革。根据国际法，以及为海洋运输提供保险服务的公司的相关要求，所有船舶都必须适航。具体来说，适航性要求每一艘船舶都必须配备适当数量的船员、船长以及驾驶员。法律因国家而异，也因港口而异，目前，各个国家和地区正在通过广泛、深入的讨论，来确定无人驾驶船舶究竟应该如何履行适航性义务。

无人驾驶船舶可以在没有人类船员介入的情况下自行运行，这一类船舶代表着人类探索全球海洋运输的未来和希望。海洋覆盖了地球表面70%左右的面积，而且迄今为止，依然有95%的海洋未经人类勘探。之所以会出现这样的局面，主要是因为探索海洋的难度极高、困难极大、耗时极长、成本极其高昂。在任何一个时间点上，地球表面的海洋上都有大约16万艘运载大宗货物的货轮，它们所搭载的集装箱总数达到500万个；每一年，我们都会在海洋上损失掉超过1万个集装箱，这无疑是一个令人痛心的数字。发生海上交通事故的最主要原因，是人为的操作失误以及轮船驾驶人员因为长时间工作而产生的疲劳。至于代表着人类探索海洋的未来和希望的无人驾驶船舶，将综合运用诸如摄像头、雷达、声呐、激光雷达（光探测和测距）等各种类型的传感器，以便进行导航、监测周边环境、探测前方障碍物等海上航行所必需的工作。在各种传感器完成了数据采集的工作之后，它们会把数据传输给舰载计算机，后者会对所有数据进行分析，尔后根据分析所得的结果来控制船舶的前进、转向。舰载计算机使用卫星来进行导航（GPS系统），此外，它还能够接收天气信息以及其他船舶的位置、身份信息的传输。虽然无人驾驶船舶代表着人类探索海洋的未来和希望，然而船长依然拥有其存在的意义和价值，只不过在未来，他们的工作地点不是在海面上，而是在陆地控制中心，可以随时监控多艘无人驾驶船舶的航行状态。现在看来，无人驾驶船舶的出现，很有可能实现降低海上运输成本、减少污染、提升安全性的目标。除了海上运输之外，无人驾驶船舶还可被用于海上搜救、海洋科学研究、监测危险天气和清除海洋污染。

相关条目
参见
机电一体化，第 60 页

机器人与自动化，第 68 页

无人驾驶汽车，第 126 页

3 秒微传记
威廉·弗劳德
1810 年—1879 年
弗劳德制定出了相关规则，使得小型模型的测量数据，能够被应用于全尺寸船舶的设计当中。

维多利亚·德鲁蒙德
1894 年—1978 年
德鲁蒙德是海洋工程师学会的第一位女性成员，她曾经监督造船，并且因为在海洋上的英勇事迹而受到表彰。

米凯尔·马基宁
1957 年出生
马基宁是罗尔斯·罗伊斯船舶公司的总裁，他领导了无人驾驶船舶的技术开发工作。

本文作者
约翰·克鲁普茨萨克

无人驾驶船舶可以提高海上运输的安全性，降低运输成本，也可以在一定程度上减少海洋污染。

编者简介

主编

詹姆斯·特里维廉 一名机械工程师，也是 Close Comfort 公司的首席执行官，主要负责节能空调的研究、开发工作。特里维廉推动了剪羊毛机器人、互联网远程机器人技术的发展，此外他还开发出了用于扫雷、排爆的工具和安全设备。

编者

罗玛·阿格拉瓦尔 一名结构工程师，曾被授予不列颠帝国勋章。碎片大厦是英国首都伦敦的地标性建筑之一，在该座摩天大厦的设计、建造过程中，阿格拉瓦尔做出了巨大的贡献。更加难能可贵的是，阿格拉瓦尔热衷于为弱势群体代言，她以这样的一种方式促进了工程事业的发展。

约翰·布雷克 美国田纳西州奥斯汀佩伊州立大学的工程与技术专业的教授，他提倡通过提升广大民众的技术素养来帮助他们更加深入地理解工程与技术。

科林·布朗 伦敦机械工程师学会的首席执行官，曾经从事喷气式发动机寿命预测的工作，也曾经主持过基于先进材料技术的工程业务。

乔治·卡塔拉诺 美国纽约宾汉普顿大学生物医学工程专业的教授，曾经获得过富布赖特科学奖学金，也曾经在美国国家航空航天局担任研究员。卡塔拉诺的研究方向包括空气动力学、湍流流体力学、工程教育及伦理学。

道格·库珀 一名拥有45年工作经验的岩土工程顾问，他擅长矿山尾矿库的设计、管理和运营工作。

凯特·迪斯尼 美国加利福尼亚州圣克拉拉市米慎学院的工程系主任，她曾经讲授过多门工程学课程，大力推动了社会公众对于工程学的理解。

罗杰·哈德格拉福特 澳大利亚悉尼理工大学的土木工程师，同时他还担任着该所高校的教育创新及工程研究的主任。哈德格拉福特大力推动了工程学教育的重心转移，他非常推崇基于实践的工程课程设计理念。

杨·海耶斯 长期从事化学工程安全领域的相关工作，目前他是澳大利亚皇家墨尔本理工大学的社会学副教授，专门从事组织事故预防方面的教学、科研工作。

马琳·坎加 世界工程师组织联合会主席，她是一位成功的创新者、初创企业董事。此外，坎加还担任澳大利亚工业创新与科学部研发激励委员会的主席一职。

龚克 一名电子工程师，还是世界工程组织联合会主席。中国清华大学、天津大学、南开大学原校长。

约翰·克鲁普茨萨克 美国密歇根州霍普学院的工程学教授，他致力于通过培养工程学以及相关的技术素养，来提高广大民众对工程学的理解和认知。

拉伊·库鲁普 一名环境咨询工程师，还是国际环境工程师协会的首席执行官，以及美国密苏里大学、澳大利亚珀斯默多克大学的客座教授。库鲁普为废物管理、废水开发出了低成本的工程解决方案。

茱莉亚·拉姆伯恩　墨尔本莫纳什大学环境工程专业的教授，在加入斯威本科技大学之前，拉姆伯恩曾经在长达十年的时间里从事设计、组织建设发电站冷却塔的工作。

安德鲁·迈克维　一名软件工程师，他拥有大型系统进化研究方向的博士学位。迈克维戈曾经担任 Hulu 的首席架构师，他负责投资银行、语音合成与识别、电子游戏、视频等多个领域的系统搭建。

西恩·墨兰　一名化学工程师，他专门从事污水处理、工业废水处理、水处理工厂的设计调试和故障排除等方面的工作。

保罗·纽曼　英国牛津大学信息工程专业的教授，还是牛津大学机器人研究所的所长。2014年，纽曼与他人共同创办了无人驾驶汽车软件公司 Oxbotica。

阮元　生物医学工程、人工智能、神经科学以及先进控制领域的研究员，为了治疗糖尿病、残疾、心血管病和乳腺癌等疾病，他开发出了多种生物医学设备和系统。

珍妮·斯特鲁德·罗斯曼　美国宾夕法尼亚州拉斐特学院机械工程专业的教授，其著作《工程师读小说》系列文章，将文学批评与技术文化分析有机地结合在了一起。

薇娜·萨哈瓦拉　澳大利亚悉尼新南威尔士大学的科学教授，她主持可持续材料研究与技术中心（SMaRT）的工作。萨哈瓦拉的研究课题与工业界紧密联系在一起，她所取得的研究成果，促进了材料与相关工艺的可持续性。

托马斯·A.桑乔　马德里 Fulcrum y SERS 工程集团旗下 FYSEG 公司的土木工程师，还兼任该公司总经理的职务。桑乔曾经担任埃布罗水务联合会主席以及三家西班牙国有水务公司的总裁兼创始人。

乔纳桑·斯科特　新西兰怀卡托大学电气工程专业的基础教授，他擅长电路和系统（特别是射频和微波频率）的表征、测量、建模和仿真。

蒂姆·塞尔科姆贝　西澳大利亚大学的材料工程师，还担任该所高校工程学院院长、教授。塞尔科姆贝致力于研究用于医学植入物的金属添加剂的制造技术。

保罗·谢林　英国伦敦大学学院化学工程专业的教授，他的主要研究方向是电化学技术。目前谢林担任英国皇家工程院新型电池技术部的主席。

时东陆　在美国辛辛那提大学研究纳米材料在能源、医疗领域的应用，他是《纳米材料》杂志的副主编，也是《纳米研究》杂志的编辑委员会成员。

马修·L.史密斯　美国密歇根州霍普学院的工程副教授，他的研究方向是当环境发生改变，或者人造结构、生物结构处于弹性不稳定情况时，软质材料因做出响应而发生的机械形变。

乔治·斯皮塔尔尼克　一名核工业工程师，他曾经担任世界工程组织联合会（WFEO）主席，以及泛美工程学会联合会执行董事。斯皮塔尔尼克还曾经担任世界工程组织联合会能源委员会的主席，以及巴西核能电力公司（Eletronuclear）的项目负责人。

尼尔·斯坦斯伯里　一名土木工程师，还是全球基础设施反腐败中心（GIACC）的联合创始人，曾经担任世界工程联合会反腐败委员会副主席、国际标准化组织（ISO）反贿赂项目委员会主席以及英国标准协会反贿赂工作组的主席。